coleção Geografia sem fronteiras

CB137488

O Universo, o Sistema Solar e a Terra

Descobrindo as fronteiras do Universo

Elian Alabi Lucci

Licenciado e bacharel em Geografia pela PUC-SP.
Professor da rede particular de ensino do Estado de São Paulo.
Diretor da Associação dos Geógrafos Brasileiros, seção local Bauru, SP.

Anselmo Lazaro Branco

Licenciado em Geografia.
Professor da rede particular de ensino.

Conforme a nova ortografia

Atual Editora

SARAIVA S.A. Livreiros Editores
Rua Henrique Schaumann, 270 — Pinheiros
05413-010 — São Paulo — SP
Fone: (0xx11) 3613-3000
Fax: (0xx11) 3611-3308 — Fax vendas: (0xx11) 3611-3268
www.editorasaraiva.com.br

Dados Internacionais de Catalogação na Publicação (CIP)

Lucci, Elian Alabi
O universo, o sistema solar e a Terra : descobrindo as fronteiras do universo / Elian Alabi Lucci, Anselmo Lazaro Branco ; [ilustrações Rodval Matias, Ricardo de Krishina]. 2ª edição — São Paulo : Atual, 2009. — (Coleção Geografia sem Fronteiras)

Bibliografia.
ISBN 978-85-357-0683-3
ISBN 978-85-357-0691-8 (professor)

1. Geografia (Ensino fundamental) I. Branco, Anselmo Lazaro. II. Matias, Rodval. III. Krishina, Ricardo de. IV. Título. V. Série.

CDD-372.891

Índice para catálogo sistemático:
1. Geografia : Ensino fundamental 372.891

Coleção Geografia Sem Fronteiras
O Universo, o Sistema Solar e a Terra

Gerente
Rogério Carlos Gastaldo de Oliveira
Assistente editorial
Valéria Franco Jacintho
Preparação de texto
Kandy Sgarbi Saraiva/Valéria Franco Jacintho
Revisão
Pedro Cunha Jr. (coord.)/Juliana Batista/Érica Lamas/
Renata Fontes/Lilian Semenichin
Pesquisa iconográfica
Cristina Akisino (coord.)

Gerente de arte
Nair de Medeiros Barbosa
Supervisor de arte
José Maria de Oliveira
Assistente de produção
Grace Alves
Diagramação
MZolezi
Coordenação eletrônica
Silvia Regina E. Almeida

Colaboradores
Projeto gráfico
Tereza Yamashita
Imagem de capa
Imagem da Terra, da Lua e de estrelas, montada por computador
© Stock Treck/Photodisc/Getty Images
Ilustrações
Rodval Matias e Ricardo de Krishina
Mapas
Mario Yoshida/Selma Caparroz

2ª edição/1ª tiragem
2025

Impressão e acabamento
Log&Print Gráfica, Dados Variáveis e Logística S.A.
OP: 286602

Karine Basilio

A meu neto, João Pedro.

Elian Alabi Lucci nasceu em 1943, na cidade de São Paulo.
É professor de Geografia nos ensinos fundamental, médio e superior, desde 1964.
Seu interesse pelos fenômenos geográficos e pelas relações do homem com o meio físico fez com que ele se aprofundasse no estudo das ciências humanas.
Desde 1972 é autor de inúmeros livros didáticos, publicados pela Saraiva, além de divulgar a Geografia em suas palestras pelo Brasil e no exterior.
É diretor da revista de ciências humanas *Arvo Comunicación*, da Universidade de Salamanca, Espanha.

Lia de Freitas Branco

A diversas mulheres: Lia, Mariana, Tereza, Raquel, Thaís e Maria do Carmo.
A dois homens: André e Antonio.
A todos os que apreciam a beleza e a harmonia dos astros em geral, e da nossa Terra, em particular.

Anselmo Lazaro Branco nasceu na cidade de São Paulo, em 1964.
É professor de Geografia nos ensinos fundamental e médio desde 1990, tendo lecionado em escolas públicas e particulares. Ministra aulas e palestras em cursos de extensão universitária.
Seu interesse pela ciência geográfica nasceu na juventude, ao buscar respostas para os questionamentos que olhares e percepções das paisagens e vivências dos lugares nos trazem.
É autor de diversos livros didáticos de Geografia do ensino fundamental e médio pela Saraiva e colaborador do *site Lição de casa*, do provedor UOL.

Sumário

O UNIVERSO, ESSE DESCONHECIDO

Há muitos e muitos séculos, as pessoas se interessam pelo Universo que as cerca. O desconhecido, despertando temores, leva o homem a buscar explicações e maneiras de lidar com o que não lhe é tão familiar. Desde o tempo das cavernas, uma de suas maiores curiosidades é a imensidão do céu, pontilhado de estrelas, ou claro e luminoso devido à luz do Sol, que certamente os primeiros homens, a olho nu, viam como uma bola de fogo, que ora aparece, ora se desloca, ora some, dando lugar a pontos brilhantes e muitas vezes a uma forma branca, que cresce e se arredonda no céu escuro.

O que são esses pontos brilhantes? Como se formaram? Do que são compostos? Como se movimentam? Por que, durante certo tempo, tudo é claro e uma bola de fogo brilha no céu, e, depois, ela se apaga ou desaparece e tudo começa a escurecer? Questões como essas provavelmente foram formuladas desde tempos muito antigos e ainda hoje, apesar do conhecimento que desenvolvemos, assaltam nossa mente ao nos determos olhando o céu, mesmo o dos centros urbanos, em que as estrelas, pouco visíveis a olho nu, disputam nossa atenção com *outdoors*, antenas de rádio e TV, luminosos, etc.

Pessoas olhando o céu estrelado.

Para saciar um pouco essa curiosidade e conferir as últimas descobertas sobre o Universo, vamos iniciar aqui uma viagem pelo espaço sideral.

1 DE OLHO NO UNIVERSO

Longe das luzes e da poluição das grandes cidades, o céu à noite surge cravejado de pontos luminosos. Entre eles aparentemente só há escuridão, e ao se olhar essa imensidão parece que não existe nada. Mas não é bem assim. Gases e poeira cósmica preenchem o espaço entre os pontos luminosos que observamos.

Os pontos luminosos no firmamento são corpos celestes ou astros luminosos que emitem luz própria — as estrelas. Além delas, existem outros corpos celestes conhecidos, como os planetas e os satélites, que não emitem luz própria, mas recebem e refletem a luz das estrelas. Eles são chamados iluminados, assim como os cometas, asteroides, planetoides e meteoroides.

• Olhando o céu

A observação e o estudo contínuo dos astros deu origem à Astronomia, ciência que tem como objetivo principal situá-los no espaço e no tempo, isto é, determinar sua localização e seu tempo de vida, descrever e explicar sua origem, suas características e seus movimentos.

Reprodução

Luneta de Galileu Galilei, construída em 1609.

Na tentativa de obter sempre informações melhores e mais elucidativas sobre os pontos luminosos que o céu apresenta numa noite limpa, o homem foi desenvolvendo e aperfeiçoando equipamentos — instrumentos de alcance sempre maior — para melhor observar o mundo que o cerca, pois, a olho nu, nunca poderia descobrir as maravilhas do Cosmo[1].

Um passo importante para ampliar o conhecimento que se tinha do Universo foi dado em 1610, quando Galileu Galilei (1564-1642), usando uma luneta, descobriu coisas em que ninguém queria acreditar. Aliás, ainda hoje, tem gente que não acredita que o homem de fato chegou à Lua, sendo que ele já explorou, por meio de equipamentos (como naves e sondas), até Marte!

[1] Cosmo: o Universo considerando o que já se observou, o que ainda não se observou e o que não é possível observar diretamente, como os buracos negros.

Anteriormente a esse feito de Galileu, a luneta era utilizada para enxergar coisas distantes, como os navios em alto-mar. Também em 1610, fazendo muitas observações do céu, Galileu descobriu as quatro grandes luas ou satélites do planeta Júpiter, as montanhas e as crateras da Lua, as manchas solares que ajudaram a descobrir o movimento de rotação do Sol. Ele, Galileu, descobriu também que a Via Láctea, nossa galáxia, era formada por estrelas.

Em 1672, Isaac Newton (1642-1727) apresentou sua invenção: o telescópio, aparelho que tornou possível a obtenção de imagens mais nítidas do que as conseguidas até então.

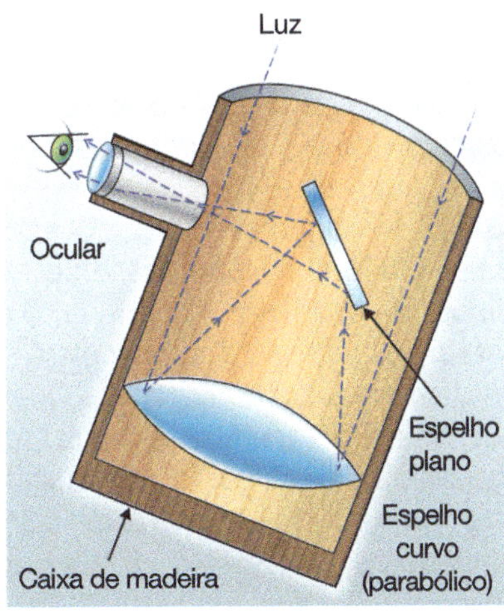

Em seu telescópio, construído em 1668, Isaac Newton empregava um espelho curvo, para focar os raios de luz e formar uma imagem. Desviados para outro espelho (ou prisma), os raios atingiam a ocular. Muitos dos telescópios de hoje usam como base o projeto de Newton.

Os telescópios constituem o aperfeiçoamento da luneta: suas lentes aprimoradas alcançam espaços mais distantes, com maior nitidez e sem distorções. Depois desses instrumentos, foram inventados os radiotelescópios, que permitem detectar sinais de rádio emitidos por corpos celestes.

Com o telescópio espacial Hubble, no final do século XX e início do XXI, foi possível alcançar maior precisão no cálculo da idade do Universo (13,7 bilhões de anos), comprovar a existência dos buracos negros — corpos celestes que sugam matéria e luz — e assistir ao choque de um cometa contra Júpiter.

Visando melhorar a observação do Universo, situou-se o telescópio Hubble na alta atmosfera, a 600 quilômetros da superfície da Terra, onde a quantidade de gases já é bem reduzida. Diferentemente do que ocorre com os telescópios terrestres, o Hubble não tem à sua frente uma densa camada de gases e partículas ou poeira. Essa condição lhe permite transmitir imagens com qualidade dez vezes superior. Com ele, pode-se observar corpos celestes localizados a uma distância de 13 bilhões de anos-luz, enquanto os telescópios situados na Terra permitem a observação de corpos celestes a uma distância de "apenas" 2 bilhões de anos-luz.

O Sucessor do Hubble

O James Webb Telescope, sucessor do Hubble, está previsto para 2011. Ele captará imagens do período menos conhecido da história do Universo, que alguns chamam de "zona escura". Nessa fase, entre 1 milhão e alguns bilhões de anos após o Big Bang (a criação do Universo), ocorreram eventos importantes e pouco compreendidos, como a formação das primeiras galáxias.

http://www.starnews2001.com.br/hubble.htm.

As distâncias no espaço sideral

É possível se deslocar de um lugar para outro na superfície da Terra caminhando alguns passos, vários metros ou, se a distância for maior, percorrendo quilômetros. Em geral, essas unidades são suficientes para medir o espaço percorrido.

Entre os corpos celestes, porém, as distâncias não são calculadas como aqui na Terra. As medidas usadas neste planeta são muito pequenas para dimensionar as distâncias entre os corpos celestes. Os astrônomos utilizam o ano-luz para calcular distâncias espaciais.

Ano-luz

O ano-luz equivale à distância percorrida pela luz em um ano. A velocidade da luz é de 300 mil quilômetros por segundo, e o espaço percorrido por ela em um ano corresponde a aproximadamente 9,5 trilhões de quilômetros.

Para ter ideia das distâncias no espaço, veja algumas informações sobre as distâncias[2] astronômicas aproximadas: a) a distância da Terra à Lua (384 mil quilômetros) é de 1,25 segundo-luz; b) o Sol está a 8 minutos e 18 segundos-luz (150 milhões de quilômetros) da Terra, o que significa que sua luz leva 8 minutos e 18 segundos para chegar até nós; c) depois do Sol, a estrela mais próxima da Terra, a Alfa, da Constelação Centauro, está a mais de 4 anos-luz de distância. Quando olhamos para essa estrela, nós a vemos como ela era há 4,3 anos. Se ela desaparecesse agora, só teríamos conhecimento desse fato daqui a quatro anos; d) a nossa galáxia, a Via Láctea, um dos milhares de aglomerados de matéria do Universo, tem a forma de um disco com 100 mil anos-luz de diâmetro. O Sol se localiza na Via Láctea, que congrega um conjunto formado por mais de 200 bilhões de estrelas.

Como surgiu o Universo?

A teoria de que o Universo teve seu início numa grande explosão (Big Bang) foi formulada no início do século XX. A descoberta dos movimentos das galáxias é que deu origem à teoria do Big Bang. As galáxias são sistemas isolados entre si, compostos de gases e poeira cósmica, que guardam em seu interior as estrelas e outros corpos celestes.

Ao constatarem que as galáxias apresentam um movimento constante de afastamento umas das outras, alguns cientistas chegaram à conclusão de que, originalmente, todas elas estiveram centradas em um único ponto (formando uma coisa só) e começaram a se afastar a partir de uma grande explosão: o Big Bang. O astrônomo norte-americano Edwin Hubble (1889-1953) foi quem descobriu, em 1929, o afastamento das galáxias umas das outras.

Para entender melhor essa teoria sobre o movimento das galáxias, podemos nos valer do exemplo de um balão. Imagine um balão em que foram pintados vários pontos coloridos. Quando ele está vazio, sem ar, os pontos estão bem próximos uns dos outros. À medida que vai sendo inflado, os pontos vão se distanciando uns dos outros.

Observe que, conforme o balão se enche, os pontos coloridos se afastam.

[2] Distâncias médias.

É importante lembrar que o exemplo do balão caracteriza a expansão, não o momento da explosão, quando toda a matéria existente no Universo estava condensada numa bola de fogo extremamente densa e quente.

O Big Bang, segundo uma concepção artística.

O afastamento das galáxias indica também que o Universo está em expansão. Para muitos astrônomos, ele continuará em eterna expansão. O estudo que descreve esse fenômeno chama-se Teoria do Universo Aberto.

Há também uma outra hipótese — a do Universo Fechado —, segundo a qual o Universo se expandirá até certo ponto, após o que começará a se contrair, ou seja, os corpos celestes vão se reaproximar. Se isso acontecer, o Universo ficará cada vez menor, e sua temperatura cada vez mais alta, o que o fará alcançar uma contração máxima e, a partir daí, começar um outro ciclo de expansão, talvez chegando a mais um Big Bang.

• As galáxias

O Universo é formado por galáxias, e acredita-se que há cerca de 100 bilhões delas. Cada uma com bilhões de estrelas. O homem vive num pequeno planeta, a Terra, que integra o Sistema Solar, localizado na Via Láctea, que é uma dessas galáxias.

É muito provável que, se observarmos o céu numa noite sem nuvens, e longe dos lugares muito iluminados, como as cidades, possamos notar pontos brilhantes do céu mais concentrados numa extensa faixa esbranquiçada, formando uma espécie de arco. Essa faixa é parte da galáxia Via Láctea.

As galáxias apresentam-se sob as mais diferentes formas. Algumas são bastante estáveis, enquanto outras estão em constante estado de explosão (formando novas estrelas). Fazendo parte de um agrupamento composto por doze galáxias, a Via Láctea tem forma espiralada. Há galáxias de forma elíptica, e há outras sem forma definida, caracterizadas como irregulares.

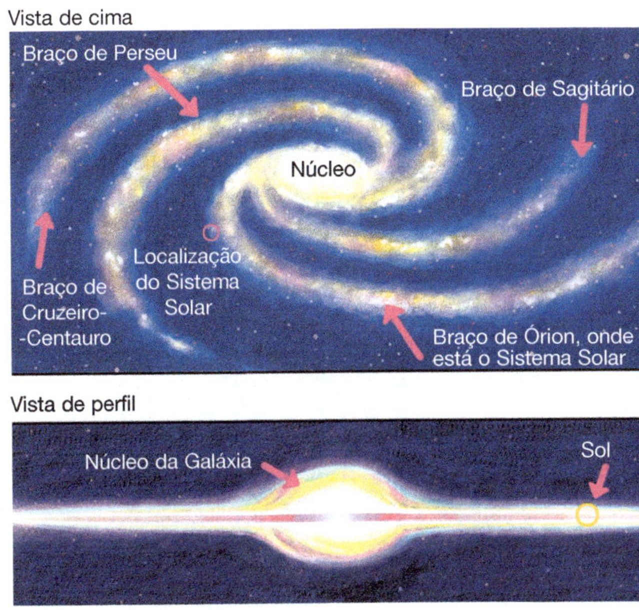

Concepção artística da Via Láctea, sob duas perspectivas.

É bom lembrar que as imagens de nossa galáxia são sempre desenhos, nunca fotografias, pois não é possível fotografar uma galáxia que tem 100 mil anos-luz de extensão se é nela que se está. Seria necessário sair dela, e o ser humano ainda não alcançou essa proeza.

Na Via Láctea existem mais de 200 bilhões de estrelas, as quais têm quantidades de matéria (massa) e idades variadas.

• Como nascem as estrelas?

Ainda hoje não se sabe ao certo o que provoca a formação de uma estrela. No entanto, acredita-se que ela se forma a partir de uma nuvem de gases comprimida em torno de seu núcleo e que, ao queimar, irradia luz e calor.

Estrelas são enormes massas de gases incandescentes, produtoras de energia resultante de grandes reações nucleares (principalmente transformações de hidrogênio em hélio) ocorridas em seu interior.

Podem ser classificadas quanto à sua posição e movimento, quanto ao brilho e quanto à cor que apresentam. A primeira forma de classificação (que leva em conta posição e movimento) já era utilizada pelos povos antigos, porque são características que podem ser observadas a olho nu. Considera-se, entretanto, mais importante a classificação quanto ao brilho (dado pela temperatura da estrela) e à cor (quanto mais quente, mais brilhante e azulada). São esses dois fatores que determinam a magnitude de uma estrela, estabelecendo, desse modo, grupos de grandeza para classificá-las.

Stock Treck/Photodisc/Getty Images

Nebulosa de Órion.

Assim, por exemplo, enquanto Sírius e Canopus (estrelas muito brilhantes) são de primeira grandeza ou magnitude, o Sol é apenas uma estrela de quinta grandeza, embora pareça a estrela mais brilhante. Isso acontece porque ele está perto da Terra.

• As constelações

O estudo da posição e do movimento das estrelas em relação à Terra gerou uma classificação de agrupamentos aparentes de estrelas: as constelações. Numa noite de Lua nova, por exemplo, com céu limpo, longe das grandes cidades, pode-se ver entre mil e 1500 estrelas.

Na Antiguidade, essa classificação já era feita e tinha uma utilidade prática relacionada à agricultura, pois indicava as épocas do plantio e da colheita e servia como meio de orientação para a navegação.

Muitas das constelações conhecidas foram denominadas pelos gregos, que se inspiravam no desenho que as figuras das constelações pareciam formar.

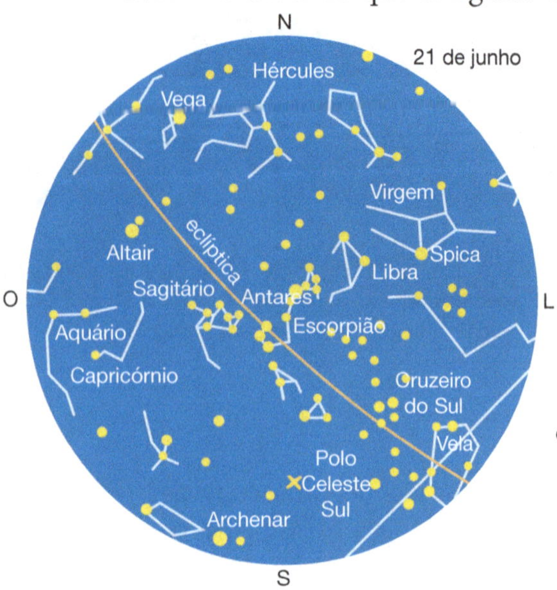

Os mapas mostram as estrelas fixas mais brilhantes às vinte horas. A parte central é para a latitude de São Paulo. As extensões inferior e superior são para Porto Alegre e Fortaleza, respectivamente. Ao utilizá-los, é preciso erguê-los e mantê-los voltados para os olhos, pois assim se pode orientá-los de acordo com os pontos cardeais. Nessas condições, os mapas indicam os astros nas posições em que eles se encontram no céu.

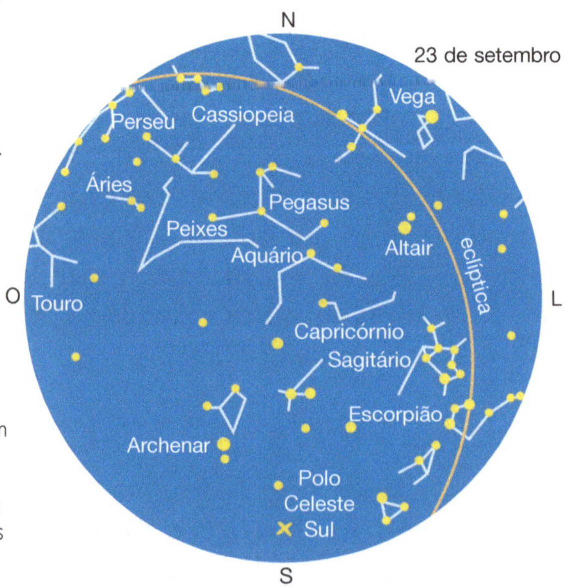

Fonte das ilustrações: www.junglephotos.com/galapagos/gmaps/starmaps/1835starmap.shtml

As estrelas se formam, têm um período de relativa estabilidade (idade adulta), depois desaparecem, transformando-se em outros tipos de corpos celestes.

As estrelas passam a maior parte de sua duração na relativamente calma fase evolucionária, durante a qual convertem hidrogênio em hélio nos seus núcleos, por meio da fusão nuclear. O Sol atualmente está nessa fase. De acordo com a teoria estelar básica, estrelas com massa maior que a do Sol brilham mais e queimam mais depressa seu combustível. Uma estrela com vinte vezes a massa do Sol terá apenas um milésimo de sua duração.

O desaparecimento de uma estrela ocorre com sua expansão e com a gradativa diminuição de sua temperatura, conforme se esgotam seus estoques de combustível nuclear.

Certas estrelas, ao desaparecerem, podem dar origem aos buracos negros — processo conhecido como colapso gravitacional catastrófico. Grosso modo, poderíamos afirmar que o buraco negro se assemelha a um ralo ou aspirador que traga tudo o que lhe está próximo, inclusive a luz.

A vida de uma estrela de massa equivalente à do Sol.

Fonte: Anna Maria Pistelli e Mario Valeri. *Approccio alla Scienza*. Turim: Paravia, 1984.

Mistérios dos buracos negros

No simpático livro *As aulas da professora Galáxia*, de Phil Roxbee Cox, encontramos algumas informações interessantes sobre os buracos negros:

Ainda não temos 100% de certeza de que os buracos negros existam.

[...]

A maioria dos cientistas acha que, se uma espaçonave tentasse voar através de um buraco negro, ela viraria "espaguete". Quer dizer, ela seria esticada e apertada até virar uma tira longa e fina como um espaguete!!!

(O único jeito de evitar essa "espaguetificação" seria viajar mais rápido que a velocidade da luz, o que é impossível!)

O cientista britânico Stephen Hawking diz que alguns buracos negros podem ser "buracos de minhoca" estáveis que conduzem a outros universos!

São Paulo: Cia. das Letras, 2006. p. 122-3.

2 O SISTEMA SOLAR

• O Sol, o astro do Sistema Solar

A sucessão dos dias e das noites, além da observação do movimento aparente do Sol no decorrer do dia (de leste para oeste), pode levar, de imediato, à ideia de que é o Sol que está girando ao redor da Terra. Provavelmente foi essa conclusão que levou o astrônomo Cláudio Ptolomeu (90-168), baseado em estudos desenvolvidos pelos gregos (do século VI a IV a.C.), a acreditar que a Terra estivesse imóvel no espaço, constituindo o centro do Universo, conclusão que ficou conhecida como teoria geocêntrica.

ATENÇÃO: Evite fixar os olhos no Sol porque eles podem ser seriamente prejudicados.

O Sol é o centro do Sistema Solar. Apesar de a Terra girar ao redor desse astro, ele não está estático ou em repouso; o Sol está em movimento.

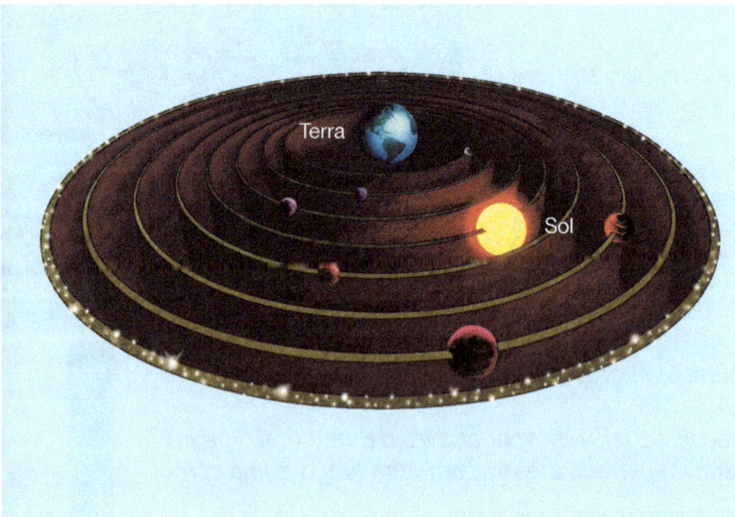

O sistema de Ptolomeu.
(Fonte: astro.if.ufrgs.br/p1/p1.htm)

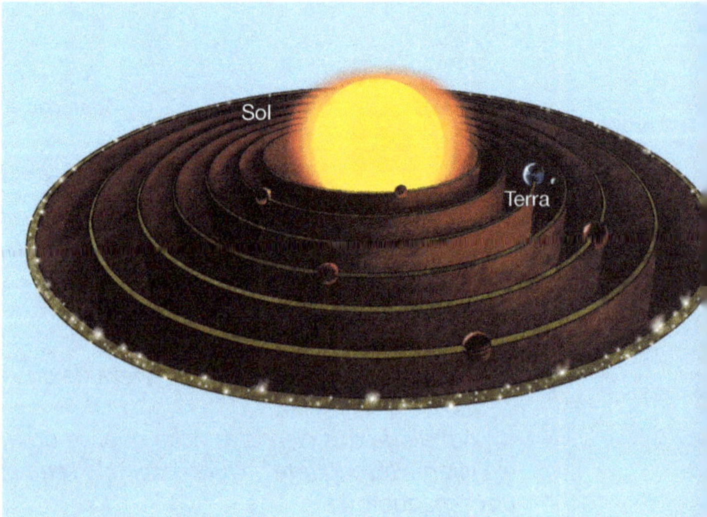

O sistema de Copérnico.
(Fonte: Elian Alabi Lucci. *O sistema Terra*. São Paulo: Saraiva, 1996.)

Entretanto, em 1543, depois de treze séculos de aceitação da teoria geocêntrica de Ptolomeu, o astrônomo polonês Nicolau Copérnico (1473-1543) demonstrou ser o Sol, e não a Terra, o centro de nosso sistema planetário, além de afirmar que é ao redor desse astro que giram os planetas e demais corpos celestes. Por ter como centro o Sol (*helio*, em grego), tal teoria ficou conhecida como heliocêntrica. Copérnico demonstrou também o movimento dos planetas em torno de si próprios (rotação).

Hoje se sabe que o Sistema Solar é uma pequena parte da Via Láctea e que o Sol é a estrela em torno da qual gravitam, até onde se sabe, oito planetas chamados de "clássicos", entre eles a Terra, mais alguns planetas-anões, além de diversos tipos de astros.

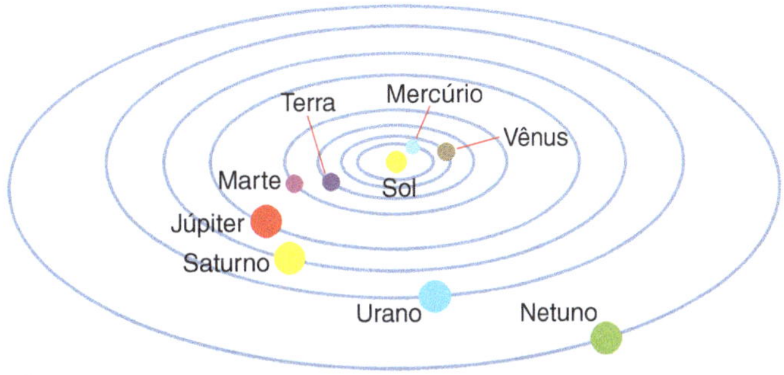

Os planetas do Sistema Solar, por ordem de distância do Sol. Na ilustração menor, o esquema das órbitas.

A origem do Sol e da Lua

A seguir, conheça uma lenda esquimó sobre o surgimento do Sol e da Lua no céu.

Há muitos e muitos anos, em uma pequena aldeia da costa, viviam um homem e sua mulher. Depois de um longo período, o casal teve dois filhos: um menino e uma menina. Os irmãos se davam muito bem, para alegria dos pais. Um não se separava do outro.

O tempo foi passando e as crianças crescendo. Quando os dois irmãos se tornaram adultos, aconteceu algo surpreendente: eles não paravam de brigar. Os pais dos jovens ficaram tristes e espantados. Não conseguiam entender como os filhos, de uma hora para outra, tornaram-se inimigos.

Na verdade, quem se transformou foi o filho, que tinha inveja da beleza da irmã e por isso vivia a persegui-la. A menina, por sua vez, já estava cansada das implicâncias do irmão e não sabia mais o que fazer para escapar de suas maldades. Mas um dia ela teve uma ideia:

— Vou fugir para o céu. Só assim escaparei do meu irmão.

A menina então se transformou em Lua.

Quando o rapaz descobriu que a irmã tinha fugido, ficou muito triste e arrependido.

— Se ela foi para o céu, eu irei também. Não posso ficar sem a minha irmã.

E foi isso que aconteceu. O rapaz conseguiu ir para o céu, só que em forma de Sol, e não parou de correr atrás da menina. Às vezes, ele a alcança e consegue abraçá-la, causando então um eclipse lunar.

http://cienciahoje.uol.com.br/materia/view/991. Adaptação de Daniele Castro da lenda esquimó, publicada em *O cru e o cozido*, de C. Lévi-Strauss, pela Brasiliense, e *Ciência Hoje das Crianças*, n. 41.

• Os meteoroides

Diariamente, milhares de meteoroides — corpos celestes que estão no espaço — penetram na atmosfera terrestre em alta velocidade. O atrito dos meteoroides com os gases que compõem a atmosfera provoca um fenômeno luminoso chamado *meteoro*, popularmente conhecido como estrela cadente.

Meteoroides no espaço

Meteoros são todos os corpos celestes que entram na atmosfera da Terra em altíssima velocidade e são aquecidos pelo atrito com as moléculas do ar tornando-se incandescentes. Considera-se que qualquer meteoroide, partícula que circula no espaço maior que uma molécula e menor que um asteroide (com mais de 100 metros de comprimento), possa vir a se tornar um meteoro, seja lá qual for sua composição. Os meteoros que chegam à Terra são em sua maioria compostos de material rochoso (similar ao da superfície terrestre e de outros planetas) e de uma liga metálica de níquel e ferro (parecida com o composto de rocha derretida do interior da Terra). As origens mais prováveis dessas partículas são a poeira de cometas ou pedaços de corpos celestes liberados por choques com asteroides ou explosões de todo gênero. [...] Uma das hipóteses mais aceitas sobre a formação de alguns satélites naturais, como a Lua, e até de alguns planetas, remonta a meteoroides e asteroides que por algum motivo se prenderam ao campo gravitacional de outros corpos celestes.

Galileu, out. 2005.

Alguns meteoroides não se queimam totalmente ao entrar na atmosfera da Terra e atingem a superfície terrestre. Quando isso acontece, são chamados meteoritos. Enormes meteoritos já atingiram a Terra, abrindo imensas crateras em sua superfície. Foram encontrados mais de 2 mil meteoritos na superfície terrestre. Há registros bastante antigos sobre esses corpos, como um caído em 476 a.C., na Grécia.

A cratera do meteoro Barringer, a mais estudada na Terra, fica no deserto do Arizona e tem 200 metros de profundidade e 1300 metros de diâmetro. Originou-se de um meteorito que caiu nesse local há 50 mil anos.

No Brasil, em 1784, no leito seco de um rio na Bahia, foi descoberto um meteorito caído provavelmente há 120 milhões de anos. Encravado no solo do sertão baiano, foram necessários trinta homens e vinte juntas de boi para arrancá-lo da cratera. Esse meteorito — denominado Bendegó em referência à fazenda onde caiu — está exposto, em parte, no Museu Nacional do Rio de Janeiro desde 1888.

Um dos maiores meteoritos do país, o Bendegó tem 2,20 metros de comprimento e pesa 5 300 quilogramas. Em sua composição, encontram-se: 95% de ferro, 6,5% de níquel e 0,5% de impurezas.

Sidney Waismann

Meteorito Bendegó, que faz parte da coleção do Museu Nacional.

Os planetas do Sistema Solar

Os planetas são astros iluminados, ou seja, não têm luz própria; giram ao redor do Sol e percorrem o espaço traçando órbitas elípticas.

Segundo o alemão Johannes Kepler (1571-1630), responsável pela descoberta de algumas leis da mecânica celeste, quando um planeta está próximo do Sol, movimenta-se com maior rapidez, e, quando está mais afastado, seu ritmo é mais lento.

Durante muito tempo havia apenas seis planetas conhecidos: Mercúrio, Vênus, Terra, Marte, Júpiter e Saturno. No final do século XVIII, em 1781, constatou-se a existência de Urano; em meados do século XIX, em 1846, descobriram Netuno; em 1930, descobriu-se a existência de Plutão. No entanto, este último, mais afastado do Sol (cerca de 5,9 bilhões de quilômetros), que desde os anos 1990 vinha tendo sua classificação como planeta questionada por uma parte da comunidade astronômica mundial, perdeu esse *status* em agosto de 2006.

Com o avanço tecnológico nos equipamentos de observação do espaço sideral, neste início de século, astrônomos têm anunciado a descoberta de corpos celestes nos confins do Sistema Solar, a bilhões de quilômetros de distância do Sol. Em março de 2004, astrônomos do Instituto de Tecnologia da Califórnia descobriram Sedna, que se encontra a cerca de 13 bilhões de quilômetros da Terra. Esses mesmos astrônomos, em julho de 2005, descobriram um corpo celeste que está a uma distância de 14,5 bilhões de quilômetros do Sol e completa uma volta em torno da estrela de nosso sistema a cada 560 anos. Tão grande quanto Plutão, esse novo corpo foi batizado provisoriamente de 2003 UB313 e em setembro de 2006 recebeu o nome definitivo de Eris, a deusa grega da discórdia.

O rebaixamento de Plutão e a definição de planeta

Plutão foi rebaixado, e o número de planetas no Sistema Solar volta a ser oito. Aquele que há sete décadas ficou conhecido como o nono e mais distante planeta em órbita do Sol passa a ser simplesmente um "planeta-anão".

Esse é o fim da novela que mobilizou a comunidade astronômica mundial no mês de agosto de 2006, na 26ª assembléia geral da União Astronômica Internacional (UAI), em Praga, República Tcheca. A primeira proposta não passou: a ideia de que Plutão continuasse planeta e outros engrossassem a lista, como Caronte, Ceres e Xena (ou 2003 UB313), não teve o voto da maioria dos participantes da reunião.

A questão principal não foi a massa de Plutão, menor que, por exemplo, a da Lua terrestre, mas a sua órbita. Para ser considerado planeta, Plutão precisaria ser o objeto dominante em sua órbita, mas essa se encontra com a de Netuno, que é mais de 20 vezes maior.

A decisão [...] estabelece três categorias principais de objetos no Sistema Solar: planetas *(de Mercúrio a Netuno)*, planetas-anões *(objetos esféricos que não sejam dominantes em suas órbitas nem satélites)* e corpos pequenos *(qualquer outro objeto que orbite o Sol)*.

De acordo com a nova definição, um corpo celeste tem de preencher três requisitos para que seja considerado um planeta: tem de estar em órbita em torno de uma estrela, ter a forma aproximadamente esférica e ser o astro dominante da região de sua órbita. "Ser o corpo mais importante de sua região significa que o planeta agregou a maior parte da matéria disponível ao seu redor no período de formação", explica o planetólogo Sylvio Ferraz Mello, da USP. "Os outros oito planetas giram no mesmo plano e com órbitas parecidas, o que não acontece com Plutão."

Além de Plutão, outros dois corpos celestes se enquadram na classificação de planetas anões. O primeiro é o asteroide Ceres, localizado no Cinturão de Asteroides (região do espaço entre Marte e Júpiter). [...] O segundo é 2003 UB313 (Xena), objeto com massa maior que a de Plutão, localizado no Cinturão de Kuiper. [...]

Adaptado de: Franciane Lovati. *Ciência Hoje On-line* (acesso em 25/8/06); *Agência Fapesp* (acesso em 25/8/06). Destaques do original.

Mercúrio

Mercúrio, o planeta mais próximo do Sol, classificado como rochoso (ou interno ou, ainda, terrestre), é o planeta que gira mais rápido em torno do Sol.

Apresenta uma incrível diferença de temperatura entre o dia e a noite. Durante o dia, a temperatura atinge 427 ºC e, à noite, ela chega a –173 ºC. A atmosfera praticamente não existe, o que faz o céu de Mercúrio parecer negro, uma vez que não há dispersão da luz. Mercúrio, tido como o planeta dos extremos, é o menor de todos, o mais denso, o que tem a superfície mais antiga, além de ser pouco explorado. Também há muitas crateras em sua superfície, algumas com cerca de 200 quilômetros de diâmetro. Em 1973, a Nasa enviou uma sonda a Mercúrio, a Mariner 10, que, apesar de ter passado pelo planeta três vezes, só conseguiu fotografar 45% de sua superfície. Em agosto de 2004, foi lançada outra sonda, a Mercury Messenger, cuja missão é chegar a Mercúrio em 2011 e permanecer em sua órbita por um ano, quando, então, colherá informações sobre sua atmosfera, composição e estrutura. O que já se sabe, embora se desconheça o porquê, é que dois terços da massa de Mercúrio é composta de ferro.

Distância média do Sol: 57,8 milhões de quilômetros
Período de revolução: 87,9 dias terrestres
Período de rotação: 58,6 dias terrestres
Diâmetro equatorial: 4 879 quilômetros
Massa: 5,5271 x 10^{-2} vezes a massa da Terra
Temperatura média na superfície: 179 °C
Satélites naturais conhecidos: 0
Anéis: 0

Stock Treck/Photodisc/Getty Images

Uma visão do planeta Mercúrio. Muitos planetas tiveram seu nome inspirado na mitologia greco-romana. Mercúrio, por exemplo, originalmente é o nome atribuído pelos romanos ao mensageiro alado dos deuses do Olimpo.

Vênus

O planeta Vênus é considerado um dos corpos celestes mais belos entre as estrelas, pois, se visto da Terra, pode ser mais brilhante que os demais (com exceção do Sol e da Lua). A massa de Vênus corresponde a 0,82 vezes a massa do nosso planeta. Embora hoje seja bastante elevada, 470 ºC, sua temperatura média já foi menor, possibilitando a existência de reservas de água. Na atmosfera de Vênus predomi-

Distância média do Sol: 108,2 milhões de quilômetros
Período de revolução: 224,7 dias terrestres
Período de rotação: 243 dias terrestres, 26 minutos e 55 segundos
Diâmetro equatorial: 12 103 quilômetros
Massa: 0,82 vezes a massa da Terra
Temperatura média na superfície: 482 °C
Satélites naturais conhecidos: 0
Anéis: 0

nam o gás dióxido de carbono e nuvens de ácido sulfúrico, as quais, ao reterem calor, são responsáveis pelo "efeito estufa", o que explica o fato de esse planeta ser mais quente que Mercúrio.

Desde 1962, mais de vinte sondas espaciais norte-americanas e soviéticas visitaram Vênus com o objetivo de coletar informações sobre esse nosso vizinho. Em novembro de 2005, a Agência Espacial Europeia lançou, de uma base no Casaquistão, a sonda Venus Express, que permanecerá na órbita desse planeta durante um ano e meio analisando a atmosfera e a geologia venusianas.

Vênus leva 225 dias terrestres para dar uma volta completa ao redor do Sol, girando na direção contrária à dos demais planetas do Sistema Solar. Sendo o planeta mais próximo da Terra (localiza-se a cerca de 40 milhões de quilômetros de nosso planeta), é conhecido como "planeta irmão" e apresenta tamanho, massa e densidade similares aos da Terra. Entretanto, outras características — ausência de oceanos, estrutura e composição da atmosfera, temperatura, por exemplo — diferenciam-no bastante da Terra.

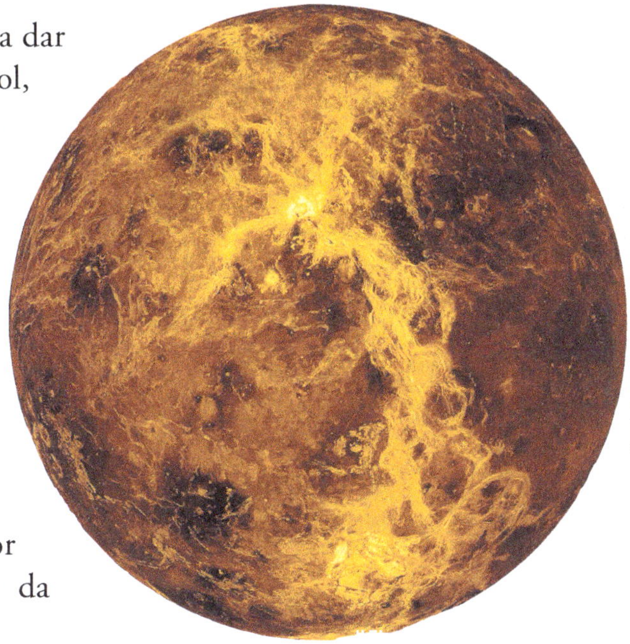

Stock Treck/Photodisc/Getty Images

Planeta Vênus e suas montanhas. Originalmente, Vênus é o nome da deusa do amor e da beleza na mitologia grega.

Vênus sob investigação

Em 2006, a sonda Venus Express, da Agência Espacial Europeia, entrou na órbita de Vênus, para investigar sua atmosfera quente e densa e, assim, talvez conseguir compreender um pouco mais o aquecimento global descontrolado que atinge também a Terra. Ao anunciar esse acontecimento um dia depois, em 11 de abril de 2006, o jornal *O Estado de S. Paulo* publicou um quadro com uma síntese do que se sabe e do que se quer saber sobre esse planeta:

O que já se sabe sobre Vênus

- Vênus é um planeta irmão da Terra. Ambos têm tamanho, massa e composição similares
- O ano de Vênus é menor que o seu dia
- A alta concentração de gás carbônico na atmosfera provoca efeito estufa, o que faz com que seja extremamente quente
- A atmosfera é muito mais densa que a da Terra. A pressão na superfície equivale a um mergulho no mar a 1 quilômetro de profundidade
- A rotação (movimento em torno do próprio eixo) é no sentido contrário ao da rotação dos demais planetas do Sistema Solar

O que se quer saber sobre Vênus

- Se ainda existem atividades vulcânicas e tectônicas
- A origem do dióxido de enxofre que existe na atmosfera (na Terra, ele vem de vulcões)
- Se o planeta algum dia perderá o efeito estufa e passará a ter temperaturas mais amenas que as atuais

Terra

Terceiro planeta na ordem de distância do Sol, a Terra é o único planeta onde, comprovadamente até o momento, existe vida. Cerca de 70% da superfície desse planeta encontra-se coberta por água, na forma de oceanos, rios e lagos. A Terra está envolvida por uma camada gasosa, a atmosfera, composta principalmente por nitrogênio e oxigênio. Essa camada a protege dos choques dos meteoroides, permite a existência de vida e evita o resfriamento mais intenso da superfície à noite. Mais adiante, no capítulo 3, vamos tratar com detalhes das diversas características de nosso planeta.

Distância média do Sol: 149,6 milhões de quilômetros
Período de revolução: 365,256 dias
Período de rotação: 23,9345 horas
Diâmetro equatorial: 12 756 quilômetros
Massa: 5,982 x 10^{24} quilos
Temperatura média na superfície: 15 °C
Satélites naturais conhecidos: Lua
Anéis: 0

Stock Treck/Photodisc/Getty

A Terra, vista do espaço. Esse nome deriva de Tellus, deusa romana da terra, que significa "solo fértil". Na mitologia grega, o planeta era representado pela deusa Gaia; esse nome significa "mãe terra".

Marte

Marte é conhecido como o planeta vermelho, pois sua atmosfera, suas rochas e superfície apresentam uma tonalidade avermelhada. Quanto à temperatura, Marte apresenta uma variação entre 20 °C e –140 °C.

Distância média do Sol: 227,9 milhões de quilômetros
Período de revolução: 1 ano e 321,73 dias terrestres
Período de rotação: 24 horas, 37 minutos e 23 segundos terrestres (no Equador)
Diâmetro equatorial: 6 794 quilômetros
Massa: 6,421 x 10^{23} quilos
Temperatura média na superfície: – 63 °C
Satélites naturais conhecidos: Deimos e Fobos
Anéis: 0

Stock Treck/Photodisc/Getty Images

Planeta Marte. Originalmente, esse era o nome dado pelos romanos ao deus da guerra.

Notícias de Marte — uma cronologia

O jornal *Folha de S. Paulo* publicou na Folhinha, em 7 de julho de 2004, esta interessante cronologia das notícias que temos do planeta Marte:

1877: Com um telescópio, o astrônomo Giovanni Schiaparelli enxergou o que supunha serem canais de água na superfície de Marte. Mas tratava-se apenas de ilusão de óptica.

1938: O radialista e depois cineasta norte-americano Orson Welles apavorou Nova York ao anunciar, de brincadeira, que os marcianos estavam invadindo a Terra.

1964: A Mariner 4 foi a primeira nave enviada da Terra para fotografar Marte de perto.

1976: As naves Viking 1 e Viking 2 foram as primeiras a obter fotos da superfície de Marte, mostrando um mundo desértico e sem formas de vida.

1997: O Sojourner, da missão Mars Pathfinder, foi o primeiro jipe a caminhar pelo solo marciano para estudar rochas interessantes encontradas pelo caminho.

2004: Dois novos jipes, Spirit e Opportunity, chegaram à superfície de Marte para uma nova etapa de exploração, procurando traços de água no solo.

2013-2020: As agências espaciais planejam enviar uma série de missões com o objetivo de trazer à Terra, de forma automatizada, amostras do solo marciano.

2030-2033: Para esse período estão planejadas as primeiras missões com pessoas a caminho do planeta vermelho. Ainda há, porém, muitos desafios a enfrentar antes que cheguemos lá.

A superfície de Marte, cheia de crateras, dá a impressão de que por ali houve diversos vulcões em atividade. Venta demais nesse planeta, que está envolto em nuvens de poeira. As áreas mais poeirentas, que correspondem às regiões mais brilhantes de Marte, são muito conhecidas de seus observadores na Terra. Em 1976, as sondas espaciais Viking 1 e Viking 2 pousaram em Marte à procura de sinais de vida, mas os resultados da busca foram negativos.

Em 2001, entretanto, a sonda Mars Odyssey, com seus sofisticados instrumentos, encontrou no planeta indícios de enormes quantidades de água logo abaixo de sua superfície.

Jipes-robôs e naves em Marte

Enquanto a Nasa enviou dois jipes-robôs (Spirit e Opportunity) para a superfície de Marte e mantém duas naves orbitando o planeta — Mars Global Surveyor e Mars Odyssey — a Agência Espacial Europeia enviou também uma nave que, girando ao redor desse planeta, tira fotografias de sua superfície. Essa nave recebeu o nome de Mars Express e está em missão desde outubro de 2003.

A Mars Odyssey detectou a presença de gelo em boa parte do planeta, fora da região equatorial, e é possível que exista gelo em maiores profundidades, no subsolo. Provavelmente esse resultado explica para onde foi a água que existia em Marte. Ela teria congelado quando o planeta sofreu grande resfriamento, bilhões de anos atrás.

Em agosto de 2005, lançou-se outra nave da Nasa, a Mars Reconnaissance Orbiter, em missão a Marte. Chamada de satélite espião em Marte, ela tem, como um de seus objetivos, procurar sinais de água congelada nos primeiros 500 metros do subsolo marciano.

Júpiter

O maior planeta do Sistema Solar é Júpiter. Para ter uma ideia do tamanho desse planeta, basta pensar que, se fosse oco, caberiam dentro dele mais de mil planetas Terra.

Júpiter surpreende os cientistas desde que Galileu Galilei descobriu, em 1610, as grandes "luas" de Júpiter: Io, Europa, Ganimedes e Calisto, hoje conhecidas como satélites galileanos, alguns com apenas 2 quilômetros de diâmetro. Atualmente, a conta chega a um total de 63 satélites.

Desde muito tempo, os astrônomos ficam intrigados com a grande mancha vermelha desse planeta. As imagens captadas pelas sondas espaciais que passaram próximo a Júpiter esclarecem que se trata de uma espécie de tempestade ou furacão circular na atmosfera do planeta, mas ainda não se sabe por que ela não desaparece. No centro do planeta há um núcleo sólido composto de gelo. Na sequência, por causa da baixíssima temperatura, encontram-se camadas de hidrogênio metálico, assim como de hidrogênio e hélio líquidos, o que impossibilita futuros pousos no planeta. Júpiter também tem um sistema de anéis.

Distância média do Sol: 778,3 milhões de quilômetros
Período de revolução: 11,86 anos terrestres (no Equador)
Período de rotação: 9 horas, 50 minutos e 33 segundos terrestres (no Equador)
Diâmetro equatorial: 142 984 quilômetros
Massa: 1,900 x 10^{27} quilos
Temperatura média nas nuvens: –121 °C
Satélites naturais conhecidos: são conhecidos 63; entre eles: Metis, Adrasteia, Amalteia, Thebe, etc.
Anéis: 4

Stock Treck/Photodisc/Getty Images

Planeta Júpiter. De origem romana, o nome Júpiter corresponde a Jove, o deus supremo (denominado Zeus pelos gregos), o senhor soberano do Olimpo.

Saturno

Saturno, o sétimo planeta do Sistema Solar, provavelmente se destaca por causa de seus anéis, que receberam nomes de letras na ordem em que foram descobertos. Embora existam aos milhares, constituem sete grandes anéis em torno do planeta, compostos basicamente por partículas de gelo e de poeira.

A estrutura e a composição de Saturno são parecidas com as de Júpiter: núcleo rochoso, hidrogênio metálico, hidrogênio e

Distância média do Sol: 1 429 400 000 milhões de quilômetros
Período de revolução: 29,5 anos terrestres
Período de rotação: 10 horas, 13 minutos e 59 segundos terrestres
Diâmetro equatorial: 120 536 quilômetros
Massa: 5,688 x 10^{26} quilos
Temperatura média na superfície: –125 °C
Satélites naturais conhecidos: 31; entre eles: Mimas, Tethys, Enceladus, etc.
Anéis: 6

hélio líquidos. Ainda como Júpiter, Saturno é circundado por dezenas de luas. Curiosamente, apesar de ser um dos planetas gigantes, sua densidade é menor do que a da água. Dessa maneira, se colocássemos Saturno em um imenso recipiente com água, ele boiaria. É o único planeta do Sistema Solar menos denso que a água.

A nave Cassini e a sonda Huygens

Em 1997, uma nave denominada Cassini foi enviada pela Nasa e pela Agência Espacial Europeia ao espaço, levando consigo a sonda Huygens, na missão denominada Cassini-Huygens. Em 2004, após sete anos de viagem, Cassini chegou a seu destino, iniciando o estudo do sistema de Saturno, em torno do qual se planeja que ela orbite durante quatro anos. Já a sonda Huygens pousou, em janeiro de 2005, em Titã, o maior satélite de Saturno e a segunda maior lua do Sistema Solar. Em Titã, sua missão é obter informações sobre a atmosfera e a sua superfície, medir ventos e registrar imagens e sons, pois Titã tem características semelhantes às que existiam na Terra há 4 bilhões de anos, quando ainda não havia vida em nosso planeta.

Stock Treck/Photodisc/Getty Images

Planeta Saturno. Esse era o nome dado pelos romanos ao deus do tempo.

Água em Encelado

A sonda Cassini, que explora o planeta Saturno e seus satélites, fez em meados de março [de 2006] uma de suas mais importantes descobertas: encontrou possíveis sinais de água na lua Encelado. [...] Usando as fotos de alta resolução tiradas pela sonda, os estudiosos detectaram algo similar a traços de jatos gasosos na atmosfera sobre as regiões polares da Lua. Os jatos seriam lançados por geisers — fontes subterrâneas que periodicamente "cospem" água [...], e que são comuns também em nosso planeta.

[...]

Por ser um dos elementos fundamentais para o surgimento da vida, a água é um dos principais alvos do atual momento da exploração espacial. Planetas e luas que a possuam em grandes quantidades são candidatos a abrigar vida alienígena, ainda que microscópica. Os cientistas já identificaram o que parece ser um mar em Europa, satélite de Júpiter. Mas em Europa as águas estão cobertas por quilômetros de gelo. Já no satélite de Saturno, as fontes aparentemente estão bem próximas da superfície.

Galileu, abr. 2006, n. 177, p. 31.

Urano

Com baixíssima temperatura média, Urano tem no seu centro um núcleo rochoso, envolto por gelo. Na atmosfera desse planeta, além de hidrogênio e hélio, há gás metano, e a absorção de luz solar nas camadas superiores lhe confere a típica coloração azul-esverdeada, talvez por isso tenha recebido o nome da divindade que personificava os céus. O ano nesse planeta dura 85 anos e 8 dias terrestres. Assim como Júpiter, Saturno e Netuno, o planeta Urano tem um sistema de anéis.

Os primeiros cinco satélites de Urano descobertos — Titânia, Oberon, Ariel, Umbriel e Miranda — receberam nomes de fadas, duendes e espíritos citados em obras de Shakespeare.

Distância média do Sol: 2 870 990 000 milhões de quilômetros
Período de revolução: 84,01 anos terrestres
Período de rotação: –17,9 horas (no Equador)
Diâmetro equatorial: 51 118 quilômetros
Massa: 8,686 x 10^{25} quilos
Temperatura média nas nuvens: –193 °C
Satélites naturais conhecidos: 27; entre eles, Ariel, Umbriel, Miranda, etc.
Anéis: 10

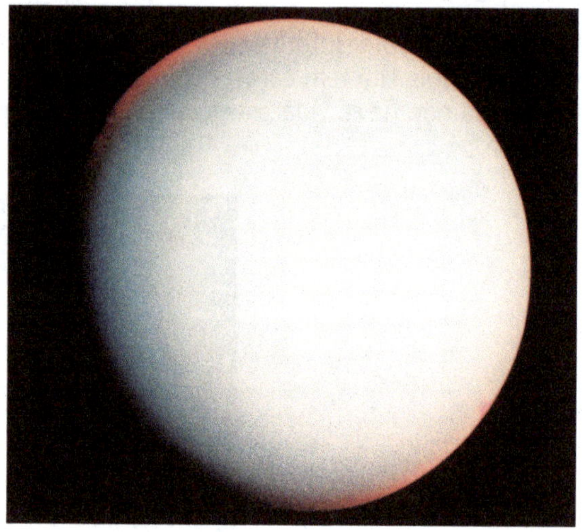

Corbis

Planeta Urano. Na origem, esse era o nome da divindade grega que personificava os céus.

Netuno

Devido à sua distância da Terra (4,35 bilhões de quilômetros) e a seu tamanho (observe seu diâmetro equatorial no *link* abaixo), Netuno não pode ser visto de nosso planeta a olho nu. De cor verde-azulada, tem composição semelhante à de Urano. Nele há uma grande mancha escura, que corresponde a um enorme sistema de tempestades. Tritão é o maior de seus satélites. Por emitir muito mais energia do que recebe, Netuno, apesar de estar mais distante do Sol, tem temperatura média (observe no *link*) equivalente à verificada em Urano.

Distância média do Sol: 4 504 300 000 quilômetros
Período de revolução: 164,79 anos terrestres
Período de rotação: 16,11 horas (no Equador)
Diâmetro equatorial: 49 528 quilômetros
Massa: 1,024 x 10^{26} quilos
Temperatura média nas nuvens: –193 °C
Satélites naturais conhecidos: 13; entre eles: Naiad, Thalassa, Despina, etc.
Anéis: 6

Stock Treck/Photodisc/Getty Images

Planeta Netuno, cujo nome originalmente era dado pelos romanos ao deus dos mares.

A missão New Horizons e o nome dos planetas-anões

Lançada em janeiro, a missão New Horizons para Plutão deve chegar a seu destino em 2015. Vários astrônomos disseram ao space.com que agora esse projeto é muito mais significativo e interessante do que nunca, porque Plutão está finalmente sendo reconhecido pelo que é: parte de um conjunto de pequenos corpos para além de Netuno.

"De fato Plutão tornou-se mais interessante para ser observado porque tornou-se o padrão pelo qual os futuros planetas-anões vão ser julgados", disse Charles Liu, pesquisador do Museu Americano de História Natural e professor de astrofísica da CUNY/Staten Island.

"Em certo sentido este fato faz com que a missão fique mais clara", diz o caçador de planetas Mike Brown.

A equipe de Brown descobriu vários objetos agora chamados de planetas-anões, segundo a nova definição da União Astronômica Internacional (IAU). Na década de 1990 antes de esses objetos serem conhecidos, justificava-se a ida da New Horizons a Plutão por ser ele um planeta distante que ainda não havia sido visitado. Agora a missão tem outra proposta, disse o próprio Brown em entrevista.

A escassez de nomes

Brown e outros astrônomos dizem que provavelmente centenas de planetas-anões serão descobertos, mas a IAU não definiu ainda como eles serão nomeados. Plutão e o asteroide Ceres (situado entre Marte e Júpiter e agora também classificado como planeta-anão) possuem nomes clássicos inspirados na mitologia romana. Se isso se estender a outros planetas-anões, em breve, diz Brown, não haverá nomes suficientes.

O IAU não sabe ainda como resolver o problema da nomeação desses planetas. Louis Friedman, diretor da The Planetary Society, espera que os planetas-anões possam receber outros tipos de nomes. O IAU já abriu esta possibilidade de se usar outros nomes para objetos longínquos. O Sedna, objeto descoberto pela equipe de Brown, é o mais distante do Sistema Solar e recebeu o nome de uma deusa dos nativos da região ártica. [...]

Adaptado de: Robert Roy Britt. New planet definition leaves scientific loose ends.
http://news.yahoo.com/s/space/20060824/sc_space/newplanetdefinitionleavesscientificlooseends
(acesso em 25/08/06).

• Cometas: turistas do espaço?

Além dos planetas e satélites, outros astros classificados recentemente como pequenos corpos compõem o Sistema Solar. É o caso dos cometas que giram ao redor do Sol, descrevendo órbitas elípticas, às vezes bastante alongadas.

Tendo no núcleo uma mistura de gases e partículas sólidas, predominantemente gelo, os cometas têm densidade muito pequena, não chegam a perturbar as órbitas dos planetas quando deles se aproximam.

Conforme um cometa se aproxima do Sol, uma coma (cabeleira) e uma cauda se formam, porque a radiação solar provoca a liberação de gás pelo gelo. Por causa disso, a cauda sempre aponta para uma direção oposta à do Sol.

O cometa Halley.

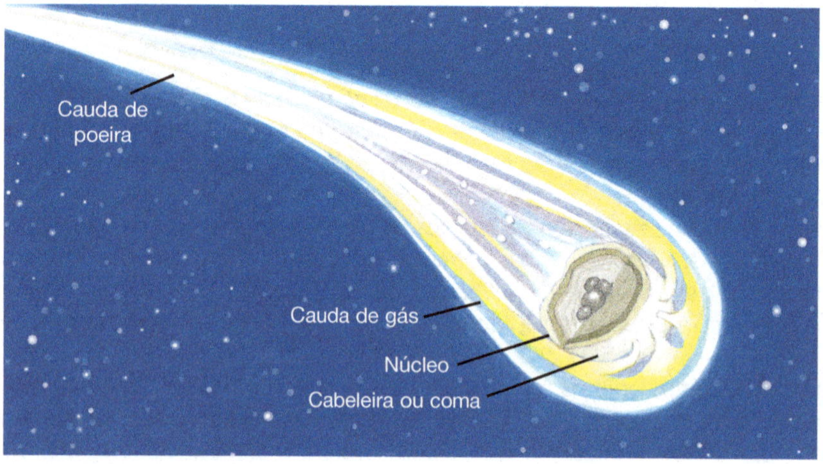

(Fonte: if.ufrgs.br/oei/solar15/solar15.htm)

Estrutura de um cometa.

Em 1986, pôde-se observar, nas vizinhanças da Terra, a passagem do cometa Halley, o mais famoso do Sistema Solar. Ele foi então fotografado pela sonda espacial Giotto, fato inédito, pois antes não havia registros fotográficos do núcleo dos cometas. Com isso, foi possível comprovar muitas teorias sobre a estrutura dos cometas.

O cometa Halley é periódico: cruza a órbita da Terra a cada 76 anos. Antes de 1986, ele se aproximara da Terra em 1910, e poderá ser visto de novo apenas em 2062.

Em 1997, passou próximo à Terra o cometa Hale-Bopp, que, depois do Halley (em sua passagem em 1910), foi o cometa mais luminoso do século XX.

Os astrônomos descobriram que os cometas estão num local chamado Nuvem de Oort, situado além de Plutão, nos confins do Sistema Solar. Essa nuvem, assim como os planetas, gira em torno do Sol. Os cometas que estão nela eventualmente são atraídos para o interior do Sistema Solar. Se, ao ingressarem, forem atraídos por Júpiter ou Saturno, eles se transformam em cometas periódicos. Se essa atração não ocorrer, cruzam o Sistema Solar uma única vez, distanciando-se novamente pelo espaço.

• Planetoides ou asteroides

No século XIX, os astrônomos observaram que, entre as órbitas dos planetas Marte e Júpiter, existem milhares de corpos celestes, os quais denominaram de planetoides ou asteroides.

Astrônomos acreditam que os asteroides correspondem à matéria que não chegou a formar um planeta. Na verdade, se pudéssemos juntar a massa total estimada de todos os asteroides num único corpo celeste, esse objeto teria menos de 1500 quilômetros de diâmetro, o que corresponde a menos da metade do diâmetro de nosso satélite natural, a Lua.

Corbis

Asteroide Gaspra, em foto de outubro de 1991.

Até 1990, as únicas informações obtidas sobre os asteroides eram as deduções feitas a partir do recolhimento e do estudo de partes de alguns deles, caídos na Terra. Porém, em outubro de 1991, a sonda espacial Galileu conseguiu aproximar-se e captar imagens do Gaspra, o primeiro asteroide a ser fotografado.

Em julho de 1997, outra sonda, a Near, aproximou-se do asteroide Mathilde. Esse encontro proporcionou aos astrônomos a primeira imagem em close de um asteroide.

Mais de mil asteroides já foram descobertos, e a cada um é dado um número de identificação. O maior deles, descoberto no início deste século, é o 2001KX76, com diâmetro de 1 200 quilômetros aproximadamente.

Um asteroide pode ser desviado para fora de sua órbita pela atração gravitacional de um objeto maior como, por exemplo, um planeta. Assim, é bastante comum asteroides passarem perto da Terra.

Acredita-se que exista grande número desses corpos com tamanho suficiente (o diâmetro de muitos deles ultrapassa a medida de um quilômetro) para, em caso de um impacto com nosso planeta, causar prejuízos à espécie humana e a outras diversas formas de vida na Terra. Com o objetivo de estudar a possibilidade de ocorrer uma situação como essa e de tentar nos precaver a esse respeito, foi criado um programa para identificar esse tipo de asteroides, conhecidos como "matadores". O programa, denominado Spaceguard Survay, é coordenado pela Força Aérea dos Estados Unidos e pela Nasa.

Impactos de asteroides na Terra

Tamanho do asteroide	Frequência do impacto	Consequências	Exemplos reais
Menor que 10 metros	20 impactos por ano	Desintegração na atmosfera terrestre	As chamadas estrelas cadentes
Entre 10 metros e 100 metros	1 impacto entre 10 e mil anos	Destruição de uma cidade e formação de maremotos	Em 1908, na Sibéria, a queda de um corpo rochoso, de alguns metros de diâmetro, causou a destruição de mil quilômetros quadrados de floresta
Entre 100 metros e 1 quilômetro	1 impacto entre 5 mil e 300 mil anos	Morte de 5 a 100 milhões de pessoas	Há cerca de 50 mil anos, no Arizona (Estados Unidos), um corpo ferroso, com cerca de 50 metros de largura, criou uma cratera com cerca de 2 quilômetros de diâmetro, a cratera do Meteoro
Maior que 5 quilômetros	1 impacto entre 10 milhões e 30 milhões de anos	Inverno nuclear e desaparecimento da humanidade	Há cerca de 65 milhões de anos, na península de Chiexulub (México), um corpo , com cerca de 20 quilômetros de largura, causou a extinção dos dinossauros

Ciência Hoje, v. 32, n. 187, out. 2002.

O impacto de um corpo celeste como um asteroide com a Terra é uma das hipóteses para explicar o desaparecimento dos dinossauros, há 65 milhões de anos. De acordo com essa ideia, a nuvem de pó levantada na atmosfera pelo choque do asteroide teria encoberto o Sol, durante meses, provocando um resfriamento intenso. Esse resfriamento, responsável pela morte de um grande número de vegetais e de pequenos animais, teria provocado a extinção de animais de maior porte, como os dinossauros, que se alimentavam dos vegetais e dos pequenos animais.

1 — Foi provavelmente assim que, no fim do período Cretáceo, há 65 milhões de anos, o meteoro gigante, de cerca de 10 quilômetros de diâmetro, apareceu no céu

2 — Ao cair no mar, próximo à costa mexicana, o meteoro liberou energia equivalente a 10 mil megatons, ou seja, a 1 milhão de bombas atômicas como a de Hiroshima

3 — Algumas horas depois do impacto, locais a mil quilômetros de distância do ponto de impacto foram varridos por ondas de até 1 quilômetro de altura

4 — O choque liberou no ar 1,5 quatrilhão de toneladas de poeira, vapor-d'água e ácido sulfúrico. A nuvem cobriu toda a Terra e impediu a passagem da luz do Sol por cerca de dois anos

5 — Mil anos depois da catástrofe, a imensa cratera de Chicxulub começou a ser encoberta pelas águas do mar e pelos sedimentos. O anel mais externo mede 300 quilômetros de diâmetro

O que levou os dinossauros a desaparecerem da Terra? O geofísico Luiz Alvarez, da Universidade da Califórnia, procura responder a essa questão por meio da hipótese aqui ilustrada.

(Adaptado de: *Superinteressante*, jan. 1995.)

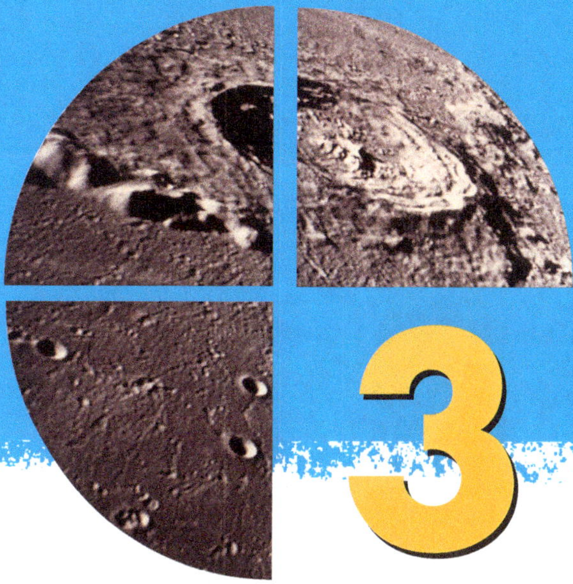

3 O PLANETA TERRA

Você conhece bem o nosso planeta, a Terra?

Os elementos que compõem a Terra e a distância entre ela e o Sol proporcionam a esse planeta uma temperatura favorável à existência de enorme massa líquida e de certa combinação de gases, o que confere características singulares à Terra, se comparada aos demais planetas do Sistema Solar. Essas especificidades são responsáveis pela existência de vida na Terra.

• A forma da Terra

Durante muito tempo pensou-se que a Terra tinha a forma de um disco circundado por um oceano. Cogitaram-se até formas mais extravagantes: de pera, de pirâmide... Por volta do século V a.C., a escola matemática de Pitágoras já defendia o conceito da esfericidade terrestre. No século II a.C., Eratóstenes, ao mesmo tempo que fornecia as primeiras medidas da Terra, chegava à conclusão de que ela era esférica.

Um acontecimento histórico também contribuiu para provar a esfericidade da Terra: a viagem do português Fernão de Magalhães. Em 1519, sua expedição partiu do porto espanhol de Sanlúcar de Barrameda com destino às Índias Orientais, rumando sempre a oeste, e acabou dando uma volta completa ao redor da Terra, pois, em 1522, essa expedição retornou ao porto de partida. Magalhães morreu durante essa viagem, a primeira viagem de circunavegação.

Com as primeiras viagens espaciais, quando foi possível fotografar a Terra do espaço, visualizou-se que ela não era tão redonda quanto se pensava.

Entre o diâmetro polar e o equatorial há uma diferença de 43 quilômetros, ou seja, o nosso planeta apresenta um achatamento nos polos. Isso prova que a Terra não é uma esfera perfeita. Conforme estudos mais recentes, desenvolvidos ao longo do século XX, chegou-se à conclusão de que a Terra possui uma forma especial, diferente de qualquer corpo geométrico, denominada geoide (em grego, *geo* significa "Terra" e *oide*, "forma"). A Terra, porém, é normalmente representada por uma esfera.

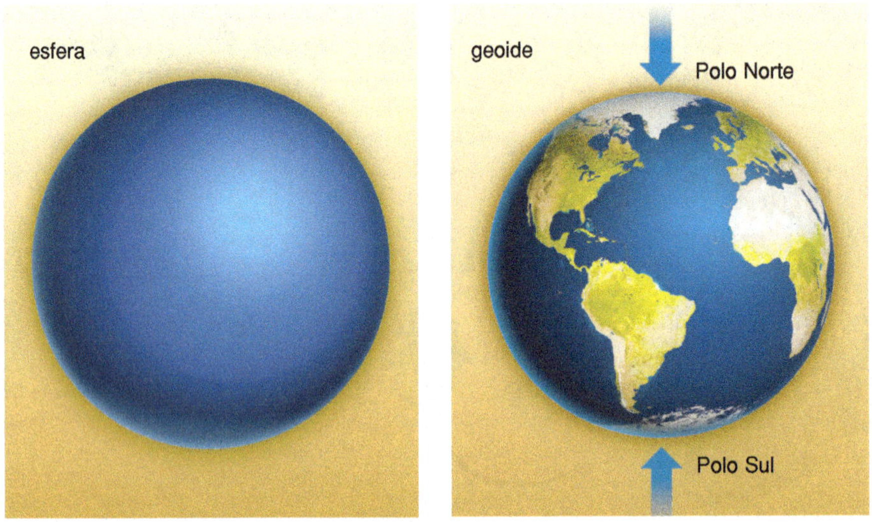

Nas fotos em geral, mal se percebe, mas a Terra tem forma levemente achatada nos polos, o que nos leva a dizer que ela é geoide.

• As camadas que envolvem a Terra

O filósofo grego Aristóteles dizia que o nosso planeta era feito de apenas quatro substâncias que ele chamava de elementos: terra, ar, água e fogo. Com a evolução do conhecimento, os cientistas identificaram um grande número de elementos químicos: mais de cem.

De qualquer maneira, todos os elementos estão espalhados e dão forma a quatro esferas: litosfera (esfera de pedra, correspondendo à parte sólida da Terra; em grego, *lito* quer dizer "pedra"), hidrosfera (esfera de água, que corresponde à parte líquida do planeta, formada por oceanos, rios, lagos), atmosfera (esfera de ar, composta por diversos gases, principalmente nitrogênio e oxigênio) e biosfera (esfera da vida vegetal e animal, composta por uma imensa quantidade de espécies). Alguns desses elementos também estão presentes nas camadas interiores (no manto e no núcleo) de nosso planeta.

As quatro esferas do planeta Terra.

A litosfera é uma fina camada superficial do nosso planeta e se apresenta dividida em várias partes, conhecidas como placas tectônicas. Essas placas se encaixam umas nas outras, lembrando um quebra-cabeça.

Placas tectônicas

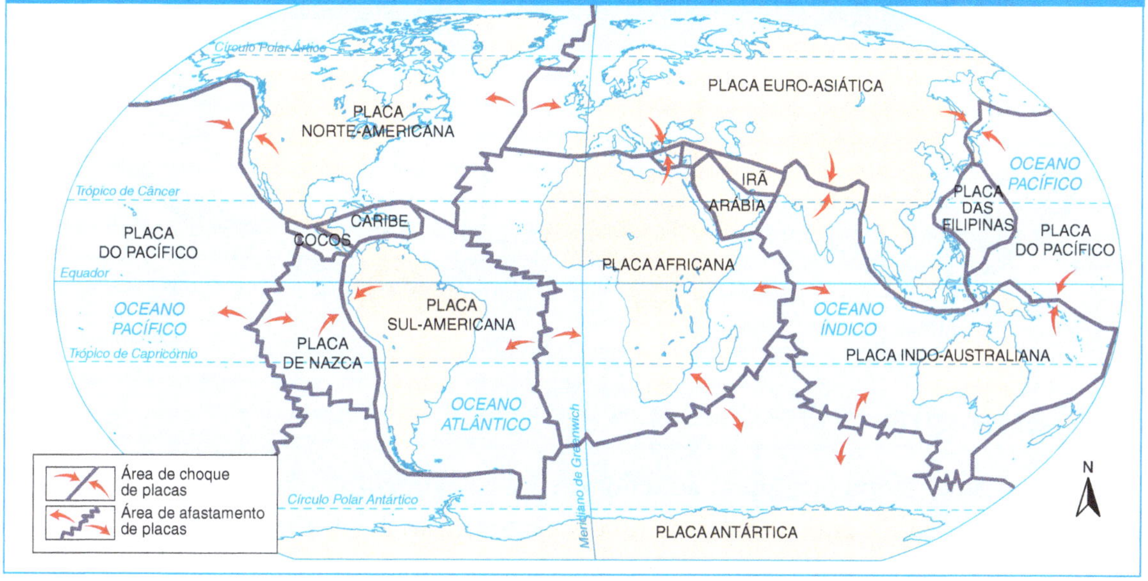

Fonte: Elian Lucci et alii. *Território e sociedade no mundo globalizado*. São Paulo: Saraiva, 2005.

As placas estão em constante movimento, por isso algumas se chocam, fazendo com que umas "mergulhem" sob as demais, e outras se afastam. Esses movimentos podem dar origem a abalos sísmicos (terremotos e maremotos); é também perto dos limites entre placas tectônicas que costuma ser intensa a atividade vulcânica. O oceano Atlântico, por exemplo, formou-se há uns 200 milhões de anos, em uma bacia originada do afastamento de duas placas: a africana e a sul-americana.

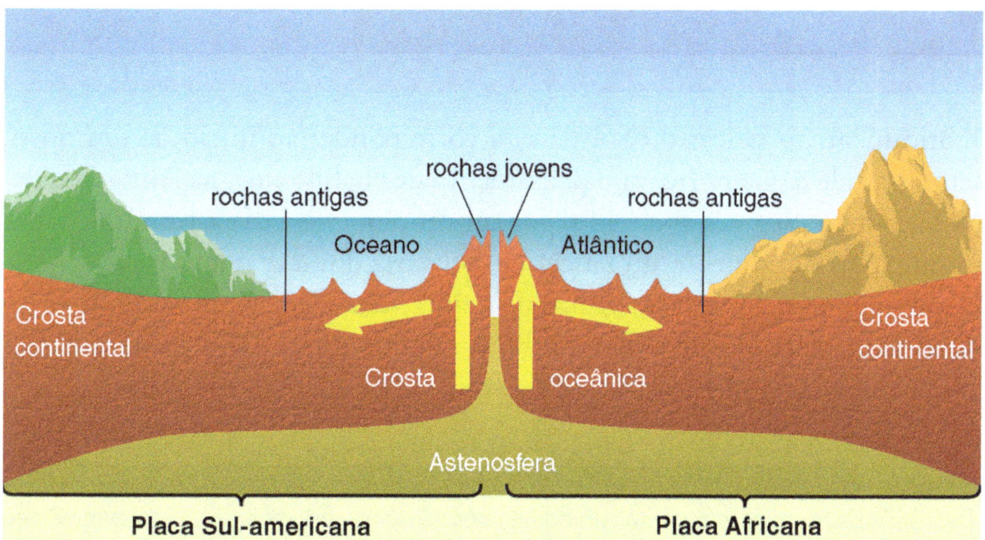

Observe o afastamento das placas na formação da cordilheira Meso-oceânica do Atlântico. (Fontes: S. M. Branco e F. C. Branco. *A deriva dos continentes*. São Paulo: Moderna, 1992; A. Christofolatti. *Geografia para o mundo atual*. São Paulo: Nacional, s./d.

A força que movimenta essas placas está no interior da Terra, sendo resultado da dinâmica dos materiais aí encontrados, que, por sua vez, estão sob fortíssimas pressões e elevadíssimas temperaturas. Esses materiais, como o magnésio, o silício, o níquel e o ferro, constituem as camadas interiores do nosso planeta: o manto e o núcleo.

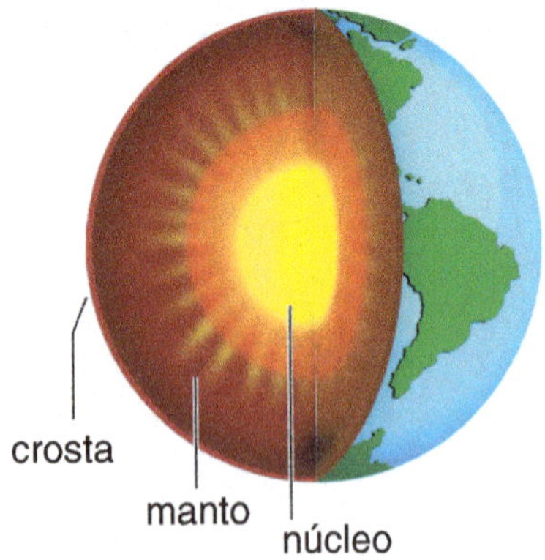

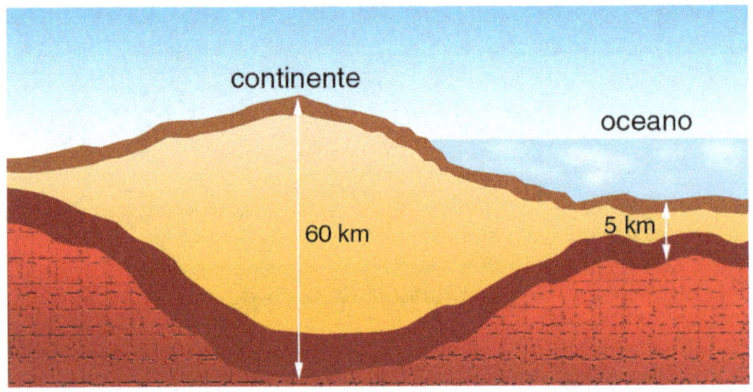

Camadas internas da Terra (à esquerda) e espessura da crosta.

A Terra gira

Ao mesmo tempo que giram ao redor do Sol (movimento de translação), os planetas giram ao redor de si mesmos (movimento de rotação), isto é, em torno de um eixo imaginário. É isso o que acontece com a Terra, que executa esses movimentos, entre outros.

Ilustração fora de escala (tamanhos e distância)

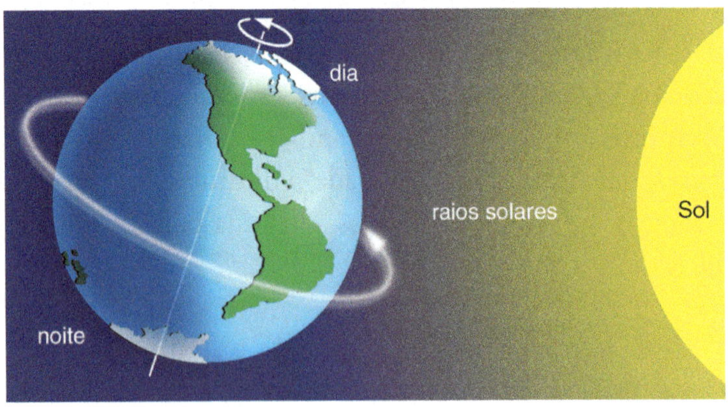

O movimento de rotação tem duração de 23 horas, 56 minutos e 4 segundos, ou seja, aproximadamente 24 horas. Nesse tempo, a Terra realiza um giro completo em torno de seu eixo.

O movimento de rotação da Terra.

Teoricamente, o nascer do Sol deveria corresponder ao início de um novo dia. É justamente essa ideia que norteava o pensamento dos babilônios, na Antiguidade. A partir de 1925, porém, ficou estabelecido, por convenção, que o dia astronômico começaria à meia-noite, pois o momento do nascer do Sol varia durante o ano.

O movimento de translação realizado a uma velocidade de 30 quilômetros/segundo dura aproximadamente 365 dias e 6 horas, tempo que a Terra demora para realizar uma volta completa ao redor do Sol. Essa volta não é circular, mas elíptica.

A translação, o calendário e o ano bissexto

A Terra leva 365 dias e 6 horas para dar uma volta completa ao redor do Sol, no seu movimento de translação. Com base nesse movimento, criou-se o calendário usado atualmente, em que o ano tem 365 dias, distribuídos em doze meses.

Mas e as seis horas restantes? A cada quatro anos, elas somam um dia, que é acrescentado ao mês de fevereiro, como dia 29. Quando isso ocorre, o ano fica com 366 dias e é chamado de bissexto. Assim, a partir da observação do movimento de translação, as pessoas estabeleceram uma unidade de tempo, o ano, que serve de base para determinar o ritmo de uma série de atividades humanas. Por exemplo, as férias dos empregados, que são concedidas após cada ano trabalhado; a divisão em séries na vida escolar; as taxas de juros dos bancos; os resultados dos lucros das empresas; o tempo de mandato dos governantes.

Enfim, o próprio tempo das nossas vidas e o tempo histórico são determinados a partir do ano.

Durante a translação, a distância entre a Terra e o Sol não é constante, pois, devido à sua forma elíptica, a Terra ora se afasta mais do Sol (posição denominada afélio, que ocorre no dia 2 de julho, aproximadamente), ora se aproxima dele (posição denominada periélio, que se verifica em geral no dia 2 de janeiro).

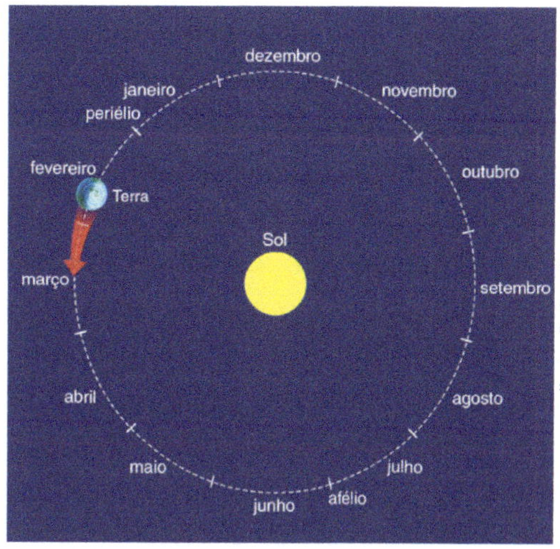

Ilustração fora de escala (tamanhos e distância)

Perspectiva vertical do trajeto percorrido pela Terra ao redor do Sol, que é o movimento de translação. Delimitam-se os trechos percorridos pelo planeta a cada mês.
(Adaptado de: Elian Alabi Lucci. *O Sistema Solar*. Rio de Janeiro: Salvat, 1979. (Biblioteca Salvat de Grandes Temas))

Podemos dizer que, em parte, é o movimento de translação que dá origem às estações do ano, porque há uma característica da Terra que é fundamental para a existência dessas estações: a inclinação do eixo de rotação terrestre em relação ao plano da órbita que nosso planeta descreve ao redor do Sol.

À medida que a Terra vai ocupando diferentes posições durante o movimento de translação, essa inclinação faz com que a incidência dos raios solares não seja a mesma para as diversas regiões do planeta no decorrer do ano. Varia também a duração do número de horas de luz diurna para as diferentes regiões.

Assim, quando os raios solares incidem diretamente no hemisfério Sul, ocorre o verão nessa região do planeta. Em contrapartida, no hemisfério Norte ocorre então o inverno. O início do verão no hemisfério Sul e, portanto, do inverno no Norte acontece aproximadamente no dia 22 de dezembro, quando o trópico de Capricórnio (23º 27' ou 23 graus e 27 minutos de latitude sul) recebe diretamente (de forma vertical) os raios solares. Esse fato é denominado solstício de verão (no hemisfério Sul) e solstício de inverno no hemisfério Norte. Trata-se do dia (horas de luz diurna) mais longo daquele hemisfério e do mais curto deste.

No dia 21 de junho, decorridos aproximadamente seis meses, ocorre o inverso: ao incidirem os raios solares diretamente sobre o trópico de Câncer (23º 27' de latitude norte), que se localiza, portanto, no hemisfério Norte, começa o verão nesse hemisfério (dia mais longo do ano) e o inverno no hemisfério Sul (dia mais curto).

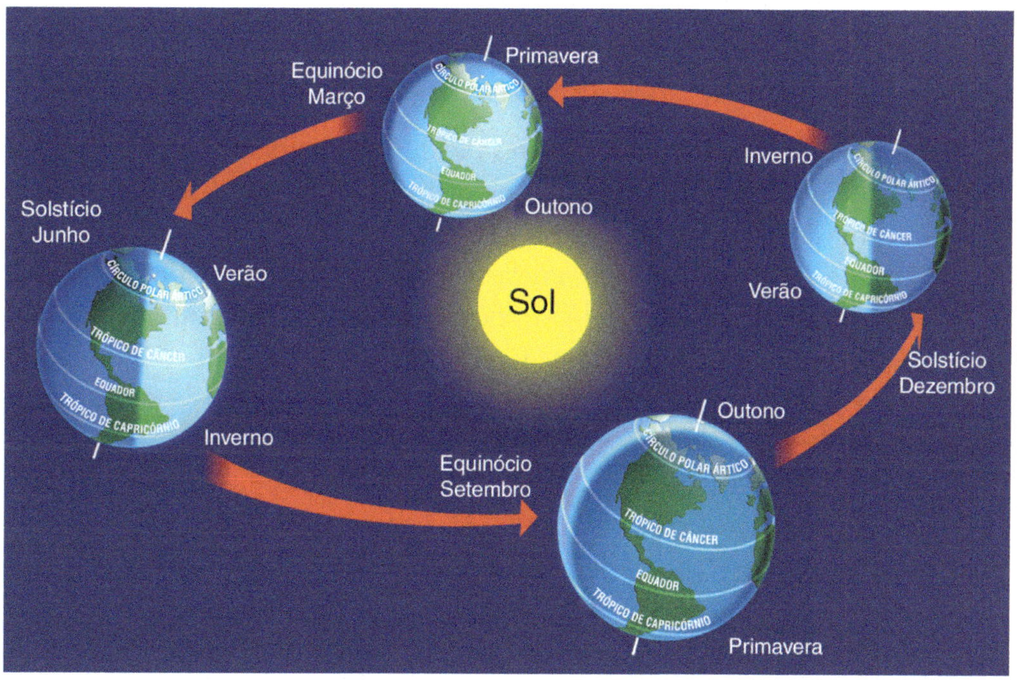

Ilustração fora de escala (tamanhos e distâncias)

As estações do ano nos hemisférios Norte e Sul.

Observe na imagem abaixo que a parte do planeta entre os dois trópicos recebe continuamente os raios solares de forma mais intensa: é a chamada zona equatorial, quente ou intertropical. Além dela, na Terra distinguem-se outras zonas: as temperadas do Norte e do Sul, situadas entre os trópicos e os círculos polares (Ártico, no hemisfério Norte, e Antártico, no hemisfério Sul), e as polares do Norte e do Sul, situadas entre os círculos polares.

As zonas temperadas (entre 23º 27' e 66º 33' de latitude, nos dois hemisférios) e as zonas polares (ao norte dos 66º 33', zona polar ártica, e ao sul dos 66º 33', zona polar antártica) nunca recebem os raios solares diretamente. Eles incidem nessas áreas de forma inclinada, oblíqua ou tangente e, quanto mais próximo dos polos, maior a obliquidade dos raios, que têm, assim, uma área maior de abrangência. Isso explica a queda de temperaturas a partir das zonas temperadas até os polos.

Essas zonas são conhecidas por zonas térmicas da Terra.

Zonas térmicas da Terra

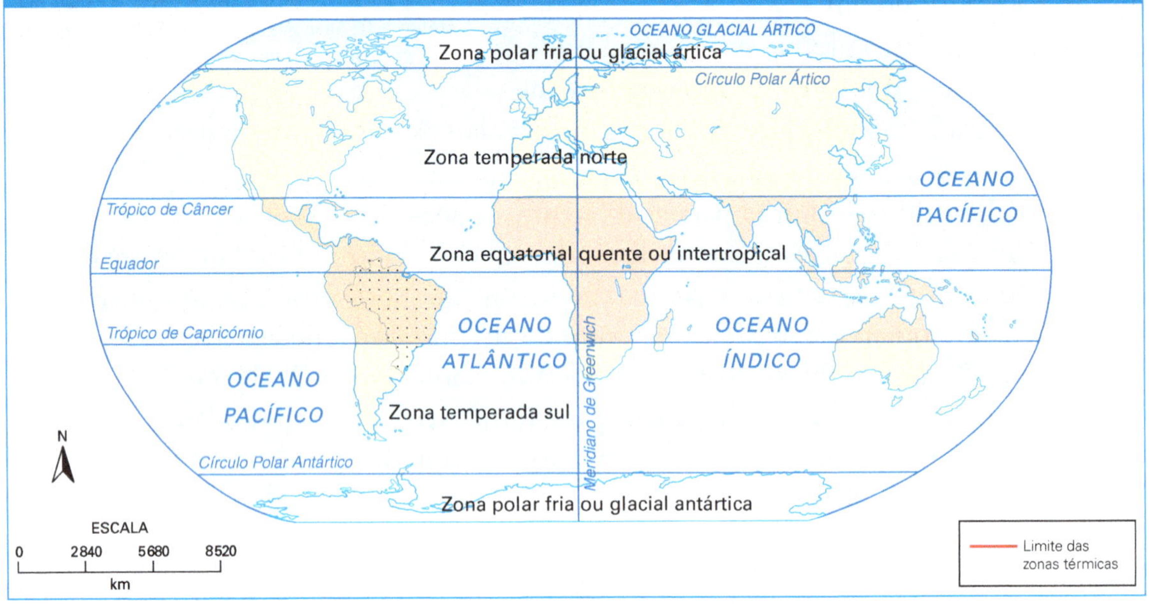

Fonte: E. A. Lucci e A. L. Branco. *Geografia*: homem & espaço. 18. ed. São Paulo: Saraiva, 2004. 5ª série.

Quando os raios solares incidem diretamente sobre a linha do Equador e ambos os hemisférios recebem a mesma quantidade de luz e de calor, temos o equinócio. Essa situação acontece nos dias 21 de março e 21 de setembro, aproximadamente.

Em 21 de março, inicia-se o outono no hemisfério Sul e a primavera, no hemisfério Norte. Em 21 de setembro, ocorre o inverso. Nos equinócios, a duração do dia é igual a da noite — são praticamente 12 horas de luz diurna e 12 horas de ausência de luz solar.

Hemisfério Sul	Data de início*	Hemisfério Norte
equinócio de primavera	21 de setembro	equinócio de outono
solstício de verão	22 de dezembro	solstício de inverno
equinócio de outono	21 de março	equinócio de primavera
solstício de inverno	21 de junho	solstício de verão

* As datas indicadas são referenciais, pois, devido à dinâmica do movimento de translação da Terra (há seis horas a mais a cada ano e um dia a mais a cada quatro anos), elas podem variar em um ou dois dias.

As variações do ano

Não é em todos os lugares da Terra que são marcantes as diferenças entre as quatro estações do ano — primavera, verão, outono e inverno. Na zona equatorial, por exemplo, quanto mais próximo se estiver da linha do Equador, menos se percebem as diferenças entre as estações do ano em termos de temperaturas, que são sempre elevadas porque os raios solares incidem nesse trecho de forma mais intensa. No entanto, quanto às chuvas, pode haver variações. Já nas zonas polares norte e sul, as temperaturas são sempre muito baixas.

• A Lua — o satélite natural do planeta

A Lua é o único satélite natural da Terra. É o corpo celeste mais próximo de nós.

No dia 20 de julho de 1969, o astronauta Neil Armstrong pisou pela primeira vez na Lua. Fruto do trabalho da missão Apollo 11, até hoje essa conquista é considerada uma proeza, uma façanha inesquecível, após terem sido superadas diversas etapas, representadas por pesquisas, testes, envio de muitas sondas e naves. Tudo isso fez parte de um projeto desenvolvido pela Nasa, visando alcançar a Lua antes dos soviéticos.

Distância média da Terra: 384400 quilômetros
Período de rotação: 27,3 dias terrestres
Diâmetro: 3476 quilômetros
Massa: 7,35 x 22 quilos

Quem é o dono da Lua?

Todo mundo. Pelo menos é isso que diz um acordo assinado em 1967 pelos membros da Organização das Nações Unidas (ONU). O Tratado do Espaço estabeleceu que nenhum país pode se apropriar de corpos celestes, mas não fez qualquer restrição quanto à exploração comercial ou científica. A única tentativa de organizar esse tipo de exploração ocorreu em 1979, quando a ONU criou o Acordo da Lua. O projeto fracassou, já que os Estados Unidos e a União das Repúblicas Soviéticas não aderiram. Sem regras estabelecidas, o direito de uso é de quem chegar primeiro.

China, Japão, Índia, Europa e Estados Unidos já se preparam para novas viagens à Lua. Dessa vez, para ficar. A ideia é explorar o solo do satélite natural, rico em selênio (mineral utilizado na prevenção ao câncer), e investigar a existência de água congelada a poucos metros de profundidade, o que facilitaria a instalação de bases espaciais, para viagens mais longas.

Especialistas estão preocupados. "Não podemos deixar que aconteça na Lua o que aconteceu na Terra, onde guerras e conflitos delimitam territórios", diz o brasileiro José Monserrat, perito em direito espacial.

Do outro lado, alguns empresários já pressionam os governos para estabelecer propriedades privadas no satélite. A organização Space Frontier Foundation faz conferências anuais para empreendedores que queiram explorar esse filão. Do jeito que a coisa vai, ao invés de terra de todos, a Lua pode acabar virando terra de ninguém.

Adaptado de: Marcelo Botolotti. *Superinteressante*, n. 211, mar. 2005.

Além de Armstrong, a espaçonave da missão Apollo 11, formada pelo módulo de comando Columbia e pelo módulo lunar Eagle, levava mais dois tripulantes: Michael Collins, que ficou no Columbia, e Edwin Aldrin, que acompanhou Armstrong no Eagle e também caminhou na superfície lunar.

A permanência de Armstrong e Aldrin na Lua não durou mais que três horas. Eles regressaram com mais de 35 quilos de rochas e poeira da superfície lunar para serem examinados na Terra. Após esse acontecimento, mais dez astronautas (todos norte-americanos) pisaram na Lua, trazendo amostras do solo. Com as missões posteriores, norte-americanas ou soviéticas (estas não tripuladas), recolheram-se 382 quilos de amostras de rochas lunares, provenientes de nove regiões diferentes do satélite. Em geral, as amostras apresentam propriedades ígneas, isto é, formaram-se a partir de lava fundida e solidificada.

De que é feito esse satélite?

As amostras do solo lunar trazidas para a Terra, depois de analisadas, demonstraram que a Lua tem, pelo menos, de 4 a 4,5 bilhões de anos, o que corresponde a quase a mesma idade do nosso planeta. Verificou-se que essas amostras possuem os mesmos elementos químicos que constituem as rochas da Terra e basicamente nas mesmas proporções. Isso reforça a teoria, atualmente em vigor, de que a Lua teria surgido a partir de um choque de um corpo de tamanho próximo ao do planeta Marte com a Terra. Esse choque fez com que se formasse uma porção de matéria que passou a girar em órbita terrestre. A condensação dessa matéria deu origem à Lua.

Embora se conheçam seus principais componentes químicos e se compreenda o fenômeno das fases lunares e das forças gravitacionais que unem Terra e Lua, até hoje os cientistas ainda não conseguiram esclarecer alguns mistérios; entre eles, descobrir como a Lua se formou.

A superfície lunar é bastante poeirenta. Ela se caracteriza pela presença de montanhas isoladas ou em cadeias, assim como pela presença de crateras (denominadas circos) e planícies que apresentam áreas escuras, conhecidas como mares. Foi no mar da Tranquilidade que o módulo Eagle pousou em julho de 1969.

A gravidade da Lua é cerca de seis vezes menor que a da Terra. Isso explica os movimentos saltitantes dos astronautas em suas caminhadas lunares, pois uma pessoa que pese 60 quilos registraria, na Lua, apenas 10 quilos.

Gravidade

Você já ouviu falar na força de gravitação universal conforme foi pensada e discutida por Isaac Newton? Ela está presente em nosso planeta. Por causa da gravidade, qualquer objeto que for atirado para o alto acaba voltando para a superfície terrestre. É ela que mantém, por exemplo, nosso corpo na superfície do planeta.

A atração entre corpos não existe apenas na Terra, mas em todo o Universo. Todos os corpos celestes — planetas e estrelas, por exemplo — atraem uns aos outros. Essa propriedade, denominada força gravitacional ou força da gravidade, é responsável pelos movimentos entre os corpos celestes.

As crateras da Lua, que constituem o aspecto mais marcante do relevo desse satélite, são consequência dos impactos de inúmeros meteoritos, que atingem diretamente a superfície lunar, uma vez que a Lua não tem atmosfera. É por isso também que a sua temperatura chega a cerca de 100 °C durante o dia, caindo para –200 °C durante a noite.

Embora não apresente vida animal ou vegetal, a Lua constitui o corpo celeste de maior interesse para os astrônomos amadores. Até agora esse satélite é tido como um mundo seco. Porém, em dezembro de 1996, abalando um pouco essa ideia, os radares da sonda espacial Clementine detectaram algo diferente na cratera Aitkin, situada nas vizinhanças do polo Sul desse satélite. Tal fato fez com que alguns cientistas passassem a suspeitar da existência de água congelada nas profundezas dessa cratera. Estudos mais detalhados podem trazer novas informações e talvez a confirmação da existência, ou não, de água na Lua. Os cientistas julgam que, um dia, a Lua pode ter abrigado água e elementos voláteis, como nitrogênio, oxigênio e metano.

Se existir água, a base lunar planejada pela Nasa pode estar mais próxima de se tornar realidade.

Stock Treck/Photodisc/Getty Images

Crateras da Lua.

As fases da Lua

A Lua executa basicamente três movimentos: gira em torno de seu eixo, em torno da Terra e, com a Terra, em torno do Sol.

O tempo dos movimentos da Lua em torno de seu próprio eixo e em torno da Terra é o mesmo: 29,5 dias aproximadamente, o que a faz ter sempre a mesma face voltada para a Terra.

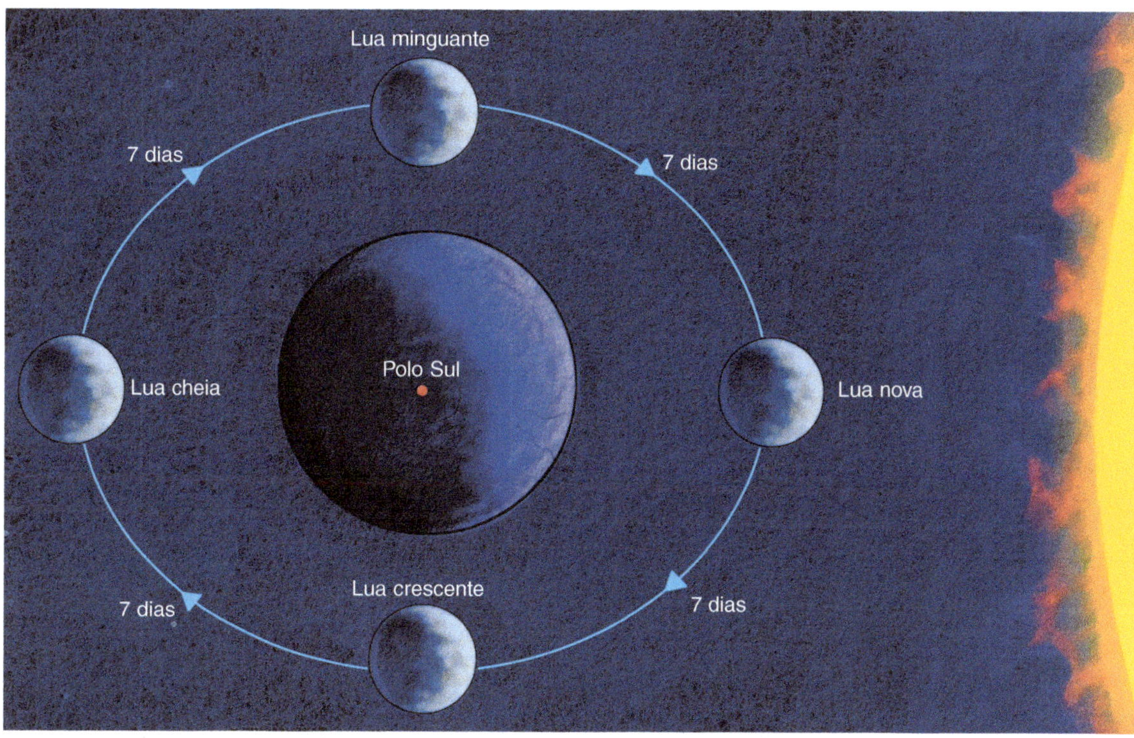

Ilustração fora de escala (tamanhos e distâncias)

A Lua em seu giro ao redor da Terra.
(Fonte: *Sciences et avenir*, abr. 2005.)

No decorrer do mês, percebemos alterações no aspecto da Lua. Há dias em que ela aparece totalmente iluminada, e, em outros, não a vemos. Tais alterações ocorrem devido à variação da posição da Lua em relação ao Sol e à Terra; são as fases da Lua.

A Lua apresenta quatro fases diferentes: quando está entre a Terra e o Sol, inicia-se a fase da *lua nova*. Nessa posição, o lado do satélite voltado para a Terra não é iluminado pelos raios solares. Assim, vemos apenas o contorno da Lua ou ela fica invisível.

Ao longo dos sete dias seguintes, a face do satélite voltada para a Terra começa a receber os raios solares e torna-se visível. Ao final desses sete dias, inicia-se a fase do *quarto crescente*, quando a Lua aparece por volta do meio-dia e desaparece por volta da meia-noite.

Decorridos catorze dias da lua nova (sete dias do quarto crescente), a face da Lua voltada para a Terra já se encontra totalmente iluminada: é a fase da *lua cheia*, quando ela aparece ao noitecer e desaparece ao amanhecer.

Em seguida, dando continuidade ao movimento em torno da Terra, a face da Lua voltada para o nosso planeta vai deixando de ser iluminada e, decorridos sete dias da lua cheia, tem-se a fase do *quarto minguante*. Nesse período, a Lua aparece por volta da meia-noite e desaparece por volta do meio-dia.

Terminada a fase do quarto minguante, reinicia-se a fase da *lua nova*. As fases da Lua deram origem à divisão do tempo em semanas (cada fase) e meses (o movimento completo do satélite).

John Sanford/Science Photo Library

As fases da Lua, vista da Terra durante um mês lunar. No centro, a Lua cheia. (Montagem com imagens obtidas em diferentes dias ao longo de um mês.)

A Lua e as marés

A oscilação vertical das águas do mar, que corresponde às marés, é resultado da atração gravitacional da Lua sobre a Terra. Na verdade, não só o nosso satélite, mas também o Sol influi na formação das marés, porém, de maneira mais leve, devido à grande distância a que se encontra da Terra.

No período de um dia (24 horas), ocorrem quatro movimentos das águas do mar: dois de subida das águas, denominados maré alta, e dois de descida, denominados maré de vazante. Esses movimentos são intercalados — subida, descida, subida, descida —, cada um com duração de seis horas.

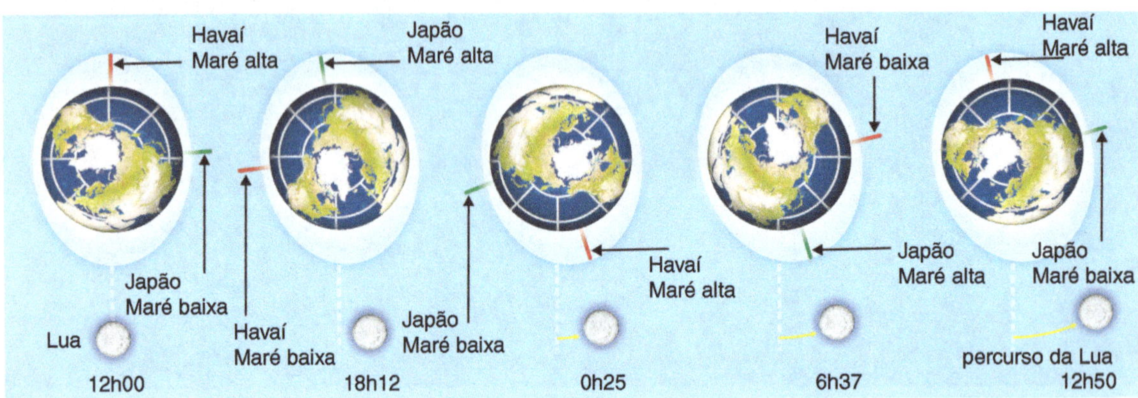

Exemplo de ciclo das marés em 24 horas.
(Fonte: *A formação da Terra*. Madrid: Del Prado, 1996. v. 2. Coleção Atlas do Extraordinário.)

A diferença entre o nível máximo e o nível mínimo das águas recebe o nome de amplitude ou altura das marés. Essa amplitude varia conforme as fases da Lua. Assim, durante a lua cheia e a nova, quando a Terra se encontra numa linha reta, ou seja, alinhada com o Sol e com a Lua, a atração conjunta desses dois astros exercida sobre a Terra provoca marés de amplitudes maiores, denominadas marés vivas.

Quando a Lua está na fase de quarto minguante ou de quarto crescente, e a posição Sol-Lua-Terra forma um ângulo reto, não havendo atração conjunta do Sol e da Lua, as marés apresentam amplitudes menores, denominadas marés de águas mortas ou de quadratura.

A amplitude ou altura das marés varia também em função da topografia litorânea de cada lugar (baía, golfo, enseada). Em algumas partes do mundo, a amplitude das marés é muito grande, como ocorre na baía do monte Saint Michel, próximo ao litoral norte da França, onde chega a atingir, aproximadamente, quinze metros.

• Eclipses

Os eclipses ocorrem quando um astro, na sua movimentação pelo espaço sideral, oculta momentaneamente outro astro.

Tanto os eclipses do Sol como os da Lua sempre exerceram enorme fascínio no homem. Além disso, do ponto de vista científico, a análise dos eclipses trouxe significativas contribuições, como nos primeiros cálculos estimados das distâncias entre os astros e até na descoberta da forma redonda da Terra.

O eclipse total do Sol ocorre quando o Sol, a Lua e a Terra, nessa sequência, encontram-se perfeitamente alinhados, ou seja, quando a Lua se interpõe entre a Terra e o Sol. Devido não só à grande distância entre o Sol e a Terra como também à proximidade da Lua em relação à Terra, é a sombra da Lua (apesar de esse satélite ser bem menor que o Sol) que causa o efeito do eclipse.

Eclipse solar.
(Adaptado de: Nasa/Goddard Space Flight Center – Eclipses)

Eclipse: todo ano tem

Todos os anos, ocorrem eclipses. Sempre há mais eclipses do Sol do que da Lua. O número máximo de eclipses em um ano é sete.

Para atingir esse número, podem ocorrer apenas duas situações: ou cinco eclipses solares e dois lunares ou quatro solares e três lunares. No ano vão ocorrer [o texto é de 1999] quatro eclipses do Sol e dois da Lua.

Os eclipses solares, embora mais frequentes do que os da Lua, só podem ser observados pelas pessoas que se encontram nos locais onde a sombra da Lua atinge a Terra. Os eclipses da Lua podem ser vistos pelas pessoas que tiverem a Lua acima do horizonte no momento de sua ocorrência. Os eclipses da Lua podem durar mais de duas horas.

Folhinha, *Folha de S. Paulo*, 7 ago. 1999.

O eclipse total da Lua ocorre quando o Sol, a Terra e a Lua, nessa sequência, encontram-se perfeitamente alinhados. Assim, a Lua, ao entrar no cone de sombra da Terra, desaparece, ou seja, deixa de refletir a luz do Sol, que a torna visível. Assim, quando assistimos a um eclipse da Lua, a parte escura que vemos gradativamente "invadir" a face da Lua nada mais é que a sombra da Terra.

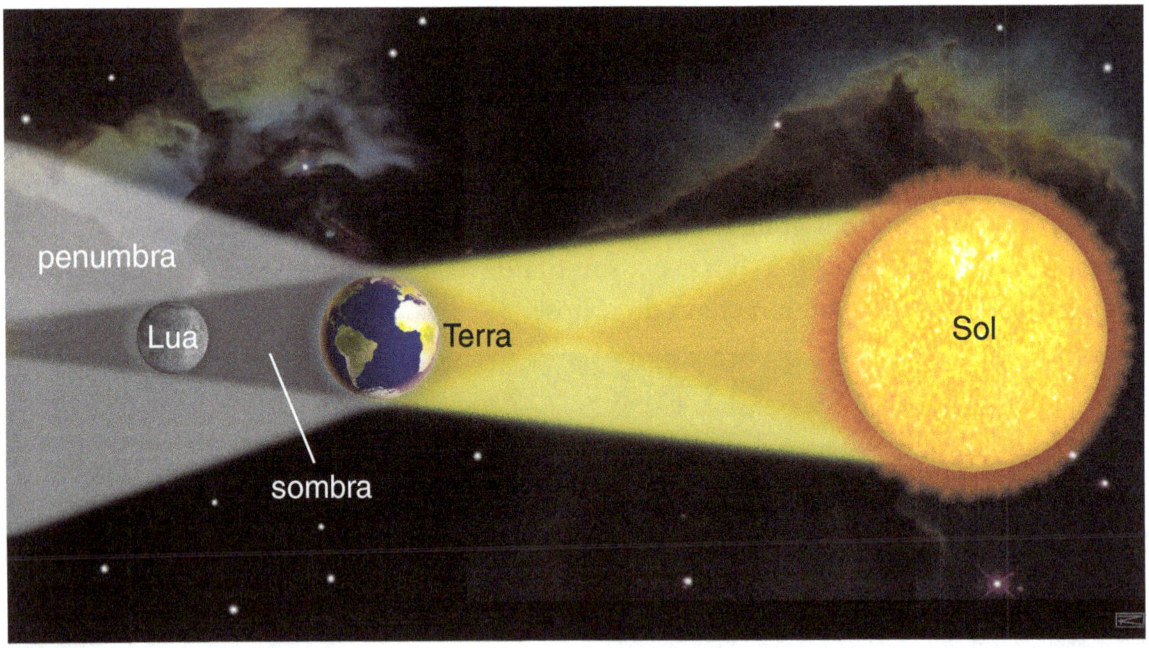

Ilustração fora de escala (tamanhos e distâncias)

Eclipse lunar total.
(Adaptado de: Nasa/Goddard Space Flight Center – Eclipses)

4 A EXPLORAÇÃO DO UNIVERSO — EQUIPAMENTOS E VIAGENS

O desenvolvimento cultural e tecnológico tem permitido ao ser humano ampliar seu conhecimento a respeito do Universo. Cada vez mais se inventam e se aprimoram equipamentos com esse fim em universidades, laboratórios, observatórios astronômicos, etc., localizados sobretudo nos países desenvolvidos, que concentram os avanços científico-tecnológicos no setor aeroespacial, com destaque para os Estados Unidos.

Os primeiros objetos que o homem construiu para observar melhor o Universo foram a luneta, o telescópio e o radiotelescópio. Embora haja grande intervalo de tempo entre a construção dos dois primeiros e a do terceiro, há uma característica física em comum entre esses aparelhos: todos estão fixos à superfície terrestre.

No final da década de 1950, o homem deu o primeiro passo para estudar o Universo com equipamentos que não estão presos ao solo, quando, em outubro de 1957, a União Soviética colocou em órbita o primeiro satélite artificial, o Sputinik 1. No mês seguinte, o Sputinik 2 já transportava a cadela Laika, o primeiro ser vivo enviado ao espaço. Os Estados Unidos, para não ficarem para trás, lançaram, em janeiro de 1958, o Explorer 1. Além dos satélites artificiais lançados e dos que atualmente estão orbitando a Terra, são lançadas, com certa constância, naves e sondas espaciais para pesquisas. As naves são tripuladas, como as Apollo, e as sondas carregam apenas equipamentos científicos, e são as que têm atingido partes mais remotas do Sistema Solar.

O que os satélites artificiais, as naves e as sondas têm em comum é o fato de serem lançados ao espaço por meio de foguetes. Os foguetes têm uma impressionante capacidade de propulsão; para isso, queimam toneladas

Stock Treck/Photodisc/Getty Images

Lançamento de foguete.

de combustível e são divididos em estágios. Cada estágio possui determinada quantidade de combustível.

• Satélites artificiais

Os satélites artificiais são equipamentos que orbitam, ou seja, giram em torno da Terra. Eles têm tamanhos, formas, pesos e finalidades diversos. Conforme o fim a que se destinam, os satélites artificiais podem ser: meteorológicos, militares, astronômicos, de desenvolvimento remoto e de comunicação.

Os meteorologistas enviam dados e imagens da atmosfera, possibilitando, assim, a previsão do tempo. É graças a isso, por exemplo, que muitos ciclones podem ser previstos, permitindo que as pessoas tomem providências para diminuir os efeitos catastróficos por eles causados. O Brasil aluga os serviços do Instituto Nacional de Previsões Espaciais para receber suas previsões do tempo.

Os satélites militares foram criados com o objetivo de orientar as tropas militares norte-americanas, situadas em diversas partes da Terra. Entretanto, seu uso não é mais restrito a essas tropas, pois vêm sendo utilizados também no Sistema de Posicionamento Global (GPS), para orientar qualquer pessoa que possua um aparelho para a determinação das coordenadas geográficas (latitude e longitude), além de outros dados.

Um dos representantes dos satélites de tipo astronômico é o telescópio Hubble. O International Ultraviolet Explorer e o Infrared Space Observatory são satélites astronômicos especializados em captar radiações ultravioleta e infravermelha, respectivamente.

Stock Treck/Photodisc/Getty Images

Astronautas trabalhando no telescópio espacial Hubble.

Os satélites de sensoriamento remoto enviam mensagens sobre o nosso planeta, permitindo, por exemplo, a análise das condições de florestas e de plantações, bem como a coleta de dados sobre recursos naturais.

Já os satélites de comunicação permitem as transmissões instantâneas de imagens, voz e dados, que cruzam milhares de quilômetros de distância. É por isso que, por exemplo, podemos assistir às Olimpíadas ou jogos de futebol de campeonatos de outros países. O Brasil conta com os serviços dos satélites Brasilsat.

A partir de pouco mais de 100 quilômetros até quase 40 mil quilômetros, há satélites em diversas altitudes. A maior parte dos satélites de comunicação está situada entre 35 mil e 36 mil quilômetros de altitude. Esses satélites estão na altura da linha do Equador e são geoestacionários, ou seja, ficam sempre sobre uma mesma área da Terra todo o tempo. É somente a essa altitude que os satélites podem ficar geoestacionários.

• As sondas

Assim como as naves que chegaram à Lua, as sondas espaciais precisam ser lançadas por um foguete que lhes permita sair da zona de atração gravitacional da Terra. Para isso, a velocidade do foguete deve ser superior a 11,2 quilômetros por segundo.

A primeira sonda lançada no espaço foi a Luna I, da União Soviética, em 1959, que circundou a Lua e enviou à Terra imagens do nosso satélite.

Desde então, um grande número de sondas foram enviadas. No início, algumas delas se perderam no espaço, enquanto outras se chocaram violentamente com o solo lunar em vez de nele pousarem.

Do espaço para o nosso cotidiano

A *Discovery Magazine* publicou dez invenções pensadas para o desenvolvimento da pesquisa espacial, mas que contribuíram para a transformação e a invenção de produtos e processos incorporados ao dia a dia. Leia a seguir algumas delas e discuta com os colegas quais os benefícios que trouxeram para a sociedade.

- ***Código de barras*** *— Criado em 1952, o código de barras foi utilizado pela agência espacial norte-americana Nasa para rastrear e identificar todos os milhões de equipamentos espaciais produzidos pela agência. Ele foi parar em um produto comercial em junho de 1974, quando a goma de mascar Wrigley's Gum foi colocada nas gôndolas norte-americanas. Hoje em dia, a invenção pode ser encontrada em mercadorias de qualquer prateleira de supermercado.*
- ***Antenas via satélite*** *— A tecnologia de transmissão de imagens por satélite é outra das inovações que surgiram dos cientistas a serviço da Nasa. Para aprimorar seu sistema de comunicação, a agência desenvolveu ferramentas capazes de corrigir erros de sinais vindos das naves no espaço — tecnologia que também passou a ser adotada para reduzir interferências de sinais televisivos transmitidos por satélites. A partir de 1974, as TVs começaram a operar imagens com essa tecnologia.*
- ***Exames médicos*** *— Os procedimentos médicos de hoje em dia simplesmente não seriam os mesmos sem a corrida ao espaço. Aparelhos de raio X portáteis, bombas automáticas de insulina, exames de urina de última geração, detecção de aterosclerose e de angioplastia a laser foram alguns itens descobertos com a ajuda dos astronautas.*
- ***Capacetes*** *— Os ciclistas e os jogadores de futebol americano podem suportar três vezes mais impacto de batidas em sua cabeça do que conseguiam antes de o homem chegar ao espaço. Os capacetes modernos têm seu interior revestido com uma espuma super-resistente, desenvolvida para os assentos das espaçonaves. Três polegadas desse material são capazes de absorver a queda de um ser humano adulto de uma altura de 3 metros.*
- ***Equipamentos sem fio*** *— Os equipamentos portáteis foram desenvolvidos para ajudar astronautas da missão Apollo (em 1963 e em 1972) a recolher amostras da superfície da Lua. O conceito passou a ser usado em telefones celulares, aspiradores de pó, brocas, mouses óticos e computadores portáteis.*
- ***Joysticks*** *— Utilizado em jogos de computador e também em veículos para pessoas com deficiências físicas, o joystick foi desenvolvido como forma inédita de controle para o Apollo Lunar Rover — o pequeno veículo de exploração da Lua movido a eletricidade, utilizado pela primeira vez em 1971 com a missão Apolo XV. O joystick traduz o movimento físico feito pela mão para a linguagem de zeros e uns dos computadores imediatamente.*

Adaptado de: Carolina Montenegro. Dez coisas sobre... *Discovery Magazine*, out. 2004.

Ilustração fora de escala (tamanhos e distâncias)

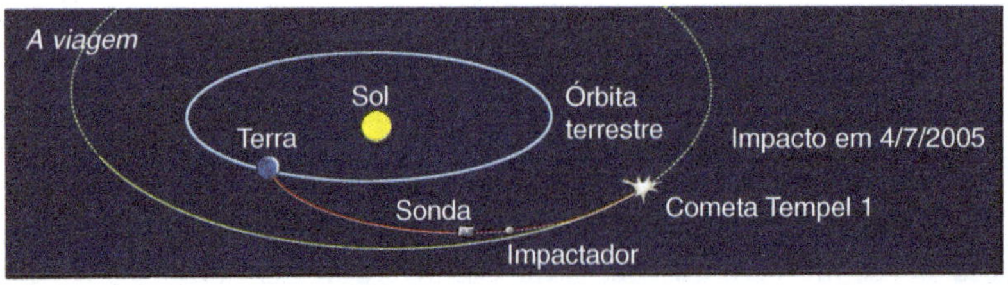

Ficha técnica	
Agência	Nasa
Objetivo	pesquisa e impacto com cometa
Lançamento	12/1/2005
Distância	133,6 milhões de km
Custo	333 milhões de dólares

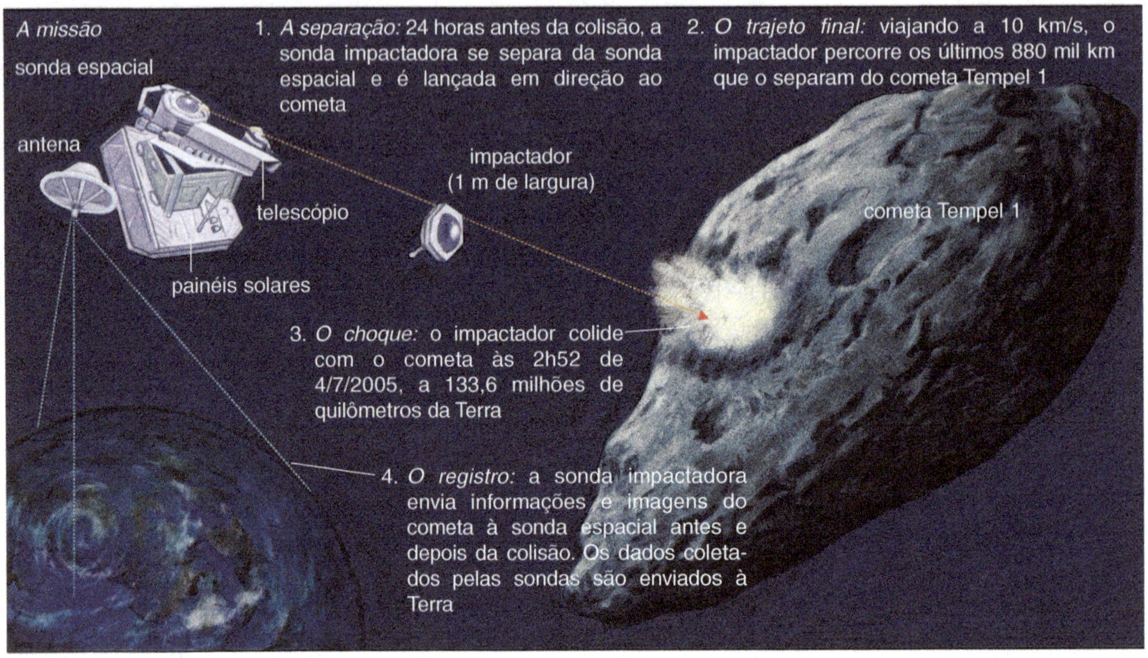

O impacto passo a passo

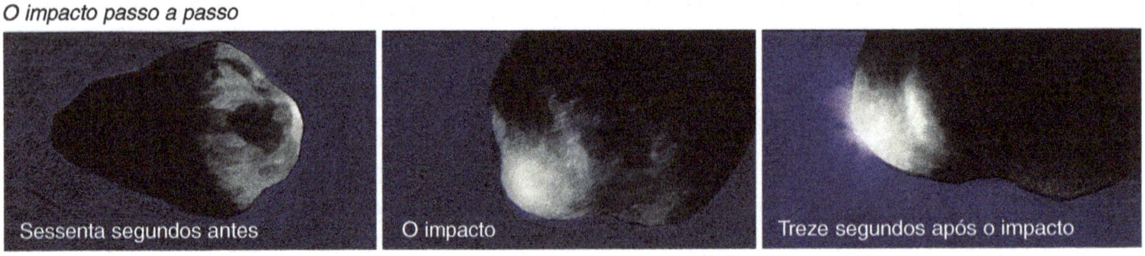

A sonda espacial Deep Impact: a viagem, a missão e o impacto com o cometa Tempel 1. (Fonte: *O Estado de S. Paulo*, 5/7/2005.)

As sondas chegam a percorrer bilhões de quilômetros. Por exemplo, a sonda Galileu, lançada em 1989, já percorreu mais de 2,5 bilhões de quilômetros, atingindo velocidades superiores a 100 mil quilômetros por hora.

E isso ocorre sem combustível! Isso é possível porque as sondas se aproveitam da força de gravidade dos planetas quando se aproximam deles, o que provoca o aumento da velocidade. Ao mesmo tempo, ao passarem próximo dos planetas, as sondas têm suas trajetórias alteradas.

No plano das explorações espaciais, neste século, estão incluídas uma ampliação do conhecimento tanto a respeito de astros do Sistema Solar, quanto dos satélites de Júpiter e de Saturno, assim como o contato com alienígenas, a retomada de voos para a Lua, entre outros. As tecnologias cada vez mais sofisticadas podem aproximar ainda mais o homem da grande aventura que poderá ocorrer no terceiro milênio: a colonização de outros mundos, da Lua e de Marte.

Um brasileiro no espaço

Em 30 de março de 2006, no Casaquistão, ao lado de um russo e de um norte-americano, o tenente-coronel da força aérea brasileira Marcos Pontes partiu na Missão Centenário, a bordo de uma nave com destino à Estação Espacial Internacional, com o objetivo de realizar experimentos científicos, elaborados por pesquisadores brasileiros, especialmente para ambientes de microgravidade. Cumprida a missão, ele retornou à Terra no dia 8 do mês seguinte. Pontes foi o primeiro brasileiro a ir ao espaço.

Com essa operação, o Brasil gastou dez milhões de dólares, o que gerou polêmica, pois há quem defenda que esse dinheiro poderia ter sido mais bem aproveitado. Um pouco antes da viagem de Marcos Pontes, o diretor geral do Instituto Nacional de Pesquisas Espaciais (Inpe), Gilberto Câmara, em entrevista a uma revista de divulgação de ciência e tecnologia, posicionou-se a respeito. Leia trechos dessa entrevista a seguir:

Os recursos investidos no astronauta [Marcos Pontes] são pequenos ante o nível de investimento que temos no programa espacial. Portanto, o dinheiro que estaríamos economizando com a não ida do astronauta não iria resolver problema nenhum. Não é o caso de deixar de fazer um satélite para lançar um astronauta. Desse ponto de vista, o grande mérito do voo do astronauta brasileiro é o de conquistar os corações e mentes da sociedade. O objetivo é dizer "nós temos capacidade de ter um programa espacial", da mesma forma que foi feito nos Estados Unidos, na Rússia, na China. [...]

O programa espacial brasileiro hoje tem um patamar de US$ 100 milhões por ano. A China gasta mais de US$ 1,5 bilhão, a Índia está gastando US$ 600 milhões. É uma diferença brutal. Nós consideramos que, num país do tamanho do nosso, esse programa não reflete o que ele poderia ser para atender a sociedade. Só que para que convençamos a sociedade — e também os ministros do Planejamento e da Fazenda — de que precisamos ter um orçamento comparável ao orçamento da Índia é necessário mostrar que haverá benefícios muito concretos. Não basta dizer que eles têm um orçamento seis vezes maior que o nosso.

Neldson Marcolin. Gilberto Câmara. *Pesquisa Fapesp*, n. 121, mar. 2006.

• Existe vida extraterrestre?

Em abril de 1983, a Nasa (Administração Nacional de Aeronáutica e Espaço), criada pelos norte-americanos em 1958, inaugurou o projeto Seti, nome formado pelas iniciais em inglês de Busca de Inteligência Artificial. Sua finalidade é encontrar sinais de vida inteligente na Via Láctea.

As pesquisas desse projeto concentram-se em oitocentas estrelas. Em algumas dessas estrelas, segundo constatou a Universidade de Stanford, com seus telescópios infravermelhos, as condições poderiam ter permitido o surgimento de vida inteligente. Muitas dessas estrelas são contornadas por discos constituídos de matéria sólida, que poderiam ser planetas como o nosso.

Os primeiros sinais de possível vida extraterrestre foram captados pelo astrônomo Frank Drake, professor de Astrofísica da Universidade de Cornell, em Nova Iorque. Ele sintonizou o rádio e captou, por meio de um canal de baixa frequência, um sinal longo e perfeitamente audível. Convencido de que sinais de rádio vindos de civilizações extraterrestres chegavam constantemente à Terra, Drake, com a Nasa e várias instituições públicas e privadas, organizou o Projeto Fênix, cujo objetivo é tentar entrar em contato com vida inteligente fora da Terra.

Novo telescópio procura alienígenas

Um observatório americano lançou ontem [11/4/2006] um novo telescópio construído especialmente para capturar possíveis sinais de luz transmitidos à Terra por extraterrestres. O equipamento é o primeiro a ser desenvolvido apenas para vasculhar o céu por luz emitida por alienígenas. Ele é capaz de cobrir uma área 100 mil vezes maior do que o aparelho atualmente em uso para procurar vida fora da Terra.

[...]

"Enviar sinais de laser através do cosmos seria uma forma bastante lógica de um ET se comunicar, mas até agora nós não tínhamos equipamentos para receber tais sinais", disse [Bruce Betts, diretor do projeto]. Pesquisadores acreditam que civilizações alienígenas provavelmente usam sinais de luz para fazer transmissões de rádio. A luz visível pode formar densos raios e poderia potencialmente enviar informações com mais eficiência, disse Betts.

[...]

O novo telescópio pode processar em um segundo o equivalente a todos os livros já impressos. Ao analisar o céu, ele usa um tipo de câmera que detecta flashes *de luz que duram até um bilionésimo de segundo. "Nós estamos evoluindo da observação de umas poucas estrelas para uma pesquisa de todo o céu. Em um ano, teremos analisado todo o hemisfério Norte", projeta Betts.*

http://noticias.terra.com.br/interna/0,,OI961196-EI302,00.html. Acesso em 17/7/06.

Em 1974, Frank Drake enviou ao Universo uma mensagem sob a forma de equação matemática. Segundo o astrônomo Carl Sagan, partidário da existência de vida extraterrestre, a mensagem de Drake recebeu inúmeras respostas vindas do espaço, mas sua aparelhagem não estava em condições de registrá-las. Para Sagan, a Nasa captou essas respostas e as manteve em segredo. Sagan dizia que, mesmo em pleno século XXI, há grande resistência entre os cientistas para aceitar a ideia de que não estamos sós no Universo.

Boinc — um radiotelescópio que trabalha em silêncio

De que maneira as pessoas imaginam ser possível fazer contato com seres extraterrestres inteligentes? O raciocínio baseia-se na procura de um ser semelhante: uma vez que os seres humanos, inteligentes, produzem manifestações artificiais como ondas eletromagnéticas moduladas em amplitude (AM) e frequenciais (FM), para transmitir informações, supõe-se que extraterrestres inteligentes possam se manifestar de forma semelhante.

Assim, desde 1960 são usados, sob a orientação de Frank Drake, radiotelescópios para tentar captar sinais desses seres. Diariamente, gigantescos radiotelescópios varrem distâncias até 200 anos-luz da Terra em busca de ondas extraterrestres.

Em julho de 2004, o Instituto Seti lançou o Boinc (Berkeley Open Infrastructure for Nework Computing), que possibilita que recursos liberados do computador sejam aproveitados em determinadas tarefas. Por exemplo, enquanto uma pessoa navega na Internet ou escreve um texto, o Boinc usa a memória disponível do computador para processar os dados do Projeto Seti. Quando o computador entra em "descanso", quase todos os seus recursos de processamento são utilizados na busca de padrões de comunicação inteligente nas ondas de rádio captadas no espaço. Se o usuário estiver consumindo todo o processamento do computador em sua tarefa, por exemplo, jogando um *game*, o Boinc para de funcionar. Ele não disputa os recursos com o usuário, só se aproveita do que sobra.

Consulte o *site* setiathome.berkeley.edu (em inglês) para conhecer melhor as regras e a política desse projeto.

A AMPLIAÇÃO DOS HORIZONTES E SEUS LIMITES

Ampliar horizontes, compreender, conquistar, dominar, explorar — eis alguns dos desejos presentes nas aventuras humanas que vão ao encontro do desconhecido. Os objetivos são muitos: enriquecer materialmente, fortalecer o poder, trocar experiências, desvendar mistérios, aprimorar o conhecimento; enfim, satisfazer desejos, sejam eles nobres ou não.

Um pouco do gosto dessas aventuras foi o que procuramos deixar neste livro.

Nessa aventura, que se estende desde os primórdios da existência humana, muito se contribuiu para que se conhecesse mais a Terra, o Sistema Solar e o Universo, mas muito ainda está por ser conhecido. E por tudo o que a história nos conta, acreditamos que os verbos *conhecer* e *compreender* necessariamente têm de estar acompanhados por *respeitar* e *conservar*. Sabemos, entretanto, que não tem sido esse o caminho trilhado pela humanidade. A nossa Terra já foi bastante afetada negativamente pela ação humana. Biosfera, hidrosfera, atmosfera e litosfera apresentam problemas ambientais graves, tais como extinção de espécies, desmatamento, desertificação, poluição de rios e mares, efeito estufa global, redução da camada de ozônio, e esses são apenas alguns exemplos. Na verdade, devido à dinâmica de relações que existe em nosso planeta, um problema ambiental tem repercussões, às vezes, catastróficas em toda a Terra.

A humanidade amplia horizontes no espaço sideral, buscando até mesmo formas de vida em outros mundos, e o espaço geográfico terrestre, apesar de bem conhecido, parece ter perspectivas de vida e de sobrevivência reduzidas — o tempo de estruturar outros tipos de relações entre os seres humanos e destes com a natureza parece estar se esgotando.

O homem compreende cada vez mais o cosmo e percebe a incrível harmonia que existe no Universo, mas talvez tenha dificuldades para compreender a si mesmo e o outro, naquilo que tem de mais significativo — sua capacidade de amar, de dar e de receber, de respeitar as particularidades e as diferenças, as finalidades, os porquês da existência.

A aventura de descobrir cada vez mais a imensidão que nos cerca — distâncias astronômicas (ano-luz), corpos celestes, processos de formação, evolução, outros sistemas planetários e galáxias — somente vai continuar se experimentarmos novas formas de nos relacionarmos com a natureza, com o ambiente em geral. É preciso pensar que todos fazemos parte dessa aventura, todos temos um papel a desempenhar nessas descobertas.

Para saber mais

Livros

BRETONES, Paulo Sérgio. *Os segredos do Sistema Solar*. São Paulo: Atual, 2009. (Col. Projeto Ciência).

_________. *Os segredos do Universo*. São Paulo: Atual, 2009. (Col. Projeto Ciência).

COX, Phil R. *As aulas da professora Galáxia*. São Paulo: Cia. das Letras, 2006.

MATSUURA, Oscar T. *Atlas do Universo*. São Paulo: Scipione, 1996.

RANGEL NETO, Edgar. *Rumo ao ovo cósmico*. São Paulo: FTD, 1997.

_________. *O mapa do céu*. São Paulo: FTD, 1993.

_________. *Dança dos planetas*. São Paulo: FTD, 1997.

SARTORELLI, Márcia P. et alii. *As descobertas de Zasp*. 2. ed. São Paulo: FTD, 1997. (Col. Assim É Fácil).

A Terra. 3. ed. São Paulo: Ática, 1995. (Col. Atlas Visuais).

O Universo. 2. ed. São Paulo: Ática, 1995. (Col. Atlas Visuais).

WILDING, Valerie. *As aulas do professor Dinossauros*. São Paulo: Cia. das Letras, 2006.

Filmes

- *Hubble: 15 anos de descobertas*. Apresentação: Scientific American Brasil. Direção: Lars Lindberg Christensen. Editado no Brasil pela Duetto, São Paulo. Documentário sobre o telescópio espacial Hubble.
- *Astronomia*. 1997. Direção: Sérgio Baldassarini Júnior. Pesquisa, roteiro e supervisão pedagógica: Elian Alabi Lucci e Anselmo Lázaro Branco. Produzido e distribuído por SBJ Produções. Cinco fitas de vídeo (VHS) sobre a Astronomia e os mistérios do Universo.
- *2001 uma odisseia no espaço*. 1968. Direção: Stanley Kubrick. Um clássico da ficção científica, baseado no conto "A sentinela", de Arthur Clarke, conhecido autor do gênero.

Sites de interesse

- Sociedade Astronômica Brasileira (SAB): www.sab-astro.org.br
- Observatório Nacional: www.on.br
- *Sites* da USP: Instituto de Astronomia, Geofísica e Ciências Atmosféricas: www.iag.usp.br; Divisão de astrofísica do Inpe: www.das.inpe.br
- Departamento de Astronomia da UFRGS: www.if.ufrgs.br/ast
- Nasa: www.nasa.gov (em inglês e espanhol). Para jovens: heasarc.gsfc.nasa.gov/nasap/docs/StarChild.html (em português). Para crianças: www.msfc.nasa.gov (em inglês). Nasa Earth Observatory: www.earthobservatory.nasa.gov (em inglês). Simulador do Sistema Solar: space.jpl.nasa.gov (em inglês). Visible Earth: visibleearth.nasa.gov (em inglês). Mars Exploration Program: http://mars.jpl.nasa.gov (em inglês)
- European Space Agency: www.esa.int/export/esaCP/index.html (em inglês)
- *Sites* sobre o Hubble. Space Telescope Science Institute: www.stsci.edu (em inglês). The Hubble Heritage: http://heritage.stsci.edu (em inglês). *Homepage* europeia para o telescópio Hubble da Nasa/Esa: www.spacetelescope.org (em inglês). CBS news: www.cbsnews.com/htdocs/space/hubble/home.html (em inglês).

Visitas

Bahia

Observatório Astronômico Antares, Universidade Estadual de Feira de Santana, Museu Antares de Ciência e Tecnologia. Rua da Barra, 925, Feira de Santana, BA. Telefax: (75) 3624 1921. www.uefs.br/antares

Ceará

Planetário Rubens de Azevedo, Centro Dragão do Mar de Arte e Cultura. Rua Dragão do Mar, 81, Fortaleza, CE. Tel.: (85) 3488 8600. www.dragaodomar.org.br/index.php?pg=esp_planetario

Espírito Santo

Planetário de Vitória, Campus da UFES. Av. Fernando Ferrari, s/nº, Goiabeiras, Vitória, ES. Tel.: (27) 4009 2489. www.vitoria.es.gov.br/secretarias/educacao/planetario1.htm

Goiás

Planetário da UFG. Av. Contorno, s/nº, Parque Mutirama, Goiânia, GO. Telefax: (62) 3521 1600/3521 1603. www.planetario.ufg.br

Minas Gerais

Observatório Astronômico Frei Rosário, UFMG. Serra da Piedade, Caeté, MG. Agendamento de visitas pelo tel.: (31) 3409 5679. www.observatorio.ufmg.br

Museu de Ciência e Técnica da Escola de Minas, Sala Professor Fausto Alves de Brito, UFOP. Praça Tiradentes, 20, Ouro Preto, MG. Telefax: (31) 3559 3119. www.museu.em.ufop.br/astronomia.php

Pará

Planetário Sebastião Sodré da Gama. Rodovia Augusto Montenegro, km 3, s/nº, Belém, PA. Tel.: (91) 3232 1143. www2.uepa.br/planetariodopara

Paraíba

Planetário da Paraíba, Fundação Espaço Cultural da Paraíba. Rua Abdias Gomes de Almeida, 800, João Pessoa, PB. Tel.: (83) 3211 6263.

Paraná

Planetário Prof. Dr. Francisco José Gomes Ribeiro, Colégio Estadual do Paraná. Av. João Gualberto, 250, Curitiba, PR. Tel.: (41) 3304 8912.

Planetário do Colégio Bagozzi. Rua João Bettega, 01, Araucária, PR. Tel.: (41) 3026 2144.

Rio de Janeiro

Museu de Astronomia e Ciências Afins. Rua General Bruce, 586, Rio de Janeiro, RJ. Tel.: (21) 2580 7010. www.mast.br

Fundação Planetário da Cidade do Rio de Janeiro. Rua Vice-governador Rubens Berardo, 100, Rio de Janeiro, RJ. Tel.: (21) 2274 0046. www.rio.rj.gov.br/planetario

Rio Grande do Sul

Planetário Prof. José Baptista Pereira, UFRGS. Av. Ipiranga, 2 000, Porto Alegre, RS. Tel.: (51) 3308 5384. www.planetario.ufrgs.br

Planetário da Universidade Federal de Santa Maria, RS. Tel.: (55) 3220 8226. www.ufsm.br/planeta

Santa Catarina

Planetário da UFSC, Campus Universitário, Florianópolis, SC. Tel.: (48) 3721 9241. www.cfh.ufsc.br/~planetar

São Paulo

Estação Ciência, USP. Rua Guaicurus, 1 394, São Paulo, SP. Tel.: (11) 3673 7022. www.eciencia.usp.br

Planetário do Carmo. Rua John Speers, 137, Portaria 5. São Paulo, SP. Tel.: (11) 6522 8555.

Planetário e Escola Municipal de Astrofísica Prof. Aristóteles Orsini. Av. Pedro Álvares Cabral, s/nº, Parque do Ibirapuera, Portão 10, São Paulo, SP. Tel.: (11) 5575 5425. www.prefeitura.sp.gov.br/secretarias/meio_ambiente/planetarios

Centro de Divulgação Científica e Cultural da USP, Setor de Astronomia. Rua Nove de Julho, 1227, São Carlos, SP. Tel.: (16) 3373 9191. www.cdcc.sc.usp.br/cda

Planetário de Brotas, Centro de Estudos do Universo. Rua Emílio Dalla Dea, s/nº, Brotas, SP. Tel.: (14) 3653 4466. www.fundacaoceu.org.br

Planetário do Museu Dinâmico de Ciências de Campinas. Av. Heitor Penteado, s/nº, Praça Portugal (Taquaral), Portão 7, Campinas, SP. Tel.: (19) 3252 2598.

Miniobservatório Astronômico do Inpe. Av. dos Astronautas, 1 758, São José dos Campos, SP. Tel.: (12) 3945 7200. www.das.inpe.br/miniobservatorio

Planetário Municipal Prof. Benedito Rela. Estação Ciência, Parque Ferraz Costa, Itatiba, SP. Tel.: (11) 4538 4547.

Planetário Cosmos — Observatório Municipal de Americana — OMA. Rua Itacolomi, 1113, Americana, SP. Tel.: (19) 3462 0207.

Planetário Dr. Odorico Nilo Menin Filho. Rodovia Raposo Tavares, km 561. Tel.: (18) 3903 7357.

Bibliografia

Livros

CANIATO, Rodolfo. *O que é Astronomia?* São Paulo: Brasiliense, 1994.

GLEISER, Marcelo. *Dança do Universo*. São Paulo: Companhia das Letras, 2000.

MORENO, Ricardo. *História breve del Universo*. Madrid: Rialp, 1998.

MOURÃO, Ronaldo R. de F. *O livro de ouro do Universo*. Rio de Janeiro: Ediouro, 2000.

NICOLSON, Ian. *Astronomia*. São Paulo: Melhoramentos/Edusp, 1974.

PIONEROS de la ciencia: físicos, matemáticos, astrónomos e cosmólogos. Madrid: Palabra, 2000.

ROSS, Jurandyr L. S. (org.). *Geografia do Brasil*. São Paulo: Edusp, 1995.

Periódicos

Astronomy Brasil. São Paulo, Andrômeda.
Ciência Hoje e *Ciência Hoje das Crianças*. Rio de Janeiro, Instituto Ciência.
Galileu. São Paulo, Globo.
National Geographic Brasil. São Paulo, Abril.
Pesquisa Fapesp. São Paulo, Fapesp.
Scientific American Brasil. Rio de Janeiro/São Paulo, Duetto.
Superinteressante. São Paulo, Abril.